U0181989

自然海岸资源管控长效机制研究

王 鹏 闫吉顺 林 霞 张连杰 等 著

科学出版社

北 京

内 容 简 介

本书从制度建设与方法体系两个方面,介绍我国海岸资源管理制度体系和自然海岸资源管控机制的建设方案。提出以"坚持陆海资源统筹配置,创新海岸资源分配方式"为原则,建立海岸线监测与监管、海岸资源分类管理、海岸线使用审批、自然海岸资源保护等制度,以完善我国海岸资源管理制度体系;并介绍我国自然海岸资源适宜性评价、物质量和价值量核算、分级保护、整治与修复等加强自然海岸资源管控的方法体系。同时,在此基础上,开展自然海岸资源管理具体实践和相关技术的研究,为我国自然海岸资源的长效管控提供参考。

本书可为从事海洋资源综合管理方面的工作人员、相关学者、管理者等提供参考。

图书在版编目(CIP)数据

自然海岸资源管控长效机制研究 / 王鹏等著. —北京:科学出版社,2022.10

ISBN 978-7-03-071338-4

Ⅰ. ①自… Ⅱ. ①王… Ⅲ. ①海岸带–自然资源–沿岸资源–资源管理–研究–中国 Ⅳ. ①P748

中国版本图书馆 CIP 数据核字(2022)第 012147 号

责任编辑:孟莹莹 狄源硕 / 责任校对:崔向琳
责任印制:吴兆东 / 封面设计:无极书装

科 学 出 版 社 出版
北京东黄城根北街 16 号
邮政编码:100717
http://www.sciencep.com
北京捷迅佳彩印刷有限公司 印刷
科学出版社发行 各地新华书店经销
*
2022 年 10 月第 一 版 开本:720×1000 1/16
2022 年 10 月第一次印刷 印张:13 1/2
字数:272 000
定价:99.00 元
(如有印装质量问题,我社负责调换)

作 者 名 单

王　鹏　　闫吉顺　　林　霞　　张连杰

郝燕妮　　吴洁璇　　张　盼　　赵　博

方海超　　张广帅　　黄小露　　岳羲和

陈　昳　　肖　华

前　　言

　　自然海岸资源管控长效机制研究属于经济地理学范畴，同时融合了资源环境经济学的理论内容。该研究是在海岸资源利用现状的评价和分析基础上，掌握人类经济活动与地理环境相互关系，探索经济与资源环境相互协调发展模式的应用对策。

　　2017 年《海岸线保护与利用管理办法》颁布实施，对海岸线实行分类保护，这是推进自然海岸保护工作顺利开展的重要基础和政策抓手。目前，在海域资源管理中，海岸管理范围是陆海管理分界线至 12n mile（1n mile=1.852km）。但是，人类经济活动主要发生在陆域一侧，引起海岸线自然属性变化的主要驱动因素是陆域的战略发展需求，而并非海洋资源环境的承载力。过去人们对海洋资源的粗放开发，引发了自然海岸自然属性退化、海岸景观破碎化、资源利用不可持续等问题。可见，海洋与陆地存在着内在的密切关系，陆海资源统筹管理才是自然海岸有效管控的重要保障。因此，研究自然海岸的开发与保护问题不可单一地考虑陆地或海洋。本书首先定义了自然海岸和海岸资源，在此基础上，进一步界定了海岸管理的范围并确定了陆海资源管控线为管理意义上的基准岸线。从而，彻底理清了一直以来陆海资源统筹管理的矛盾根源。更进一步落实了党的十九大报告提出的"坚持陆海统筹，加快建设海洋强国"战略要求，主要体现在三个方面：一是区域统筹管理。建立以县（市、区）级行政单元及其管辖海域为统一行政管理单元构成的海岸管理区域，成立省级自然资源管理机构直属的海岸管理机构，形成省域自然资源的垂直管理机制。二是资源统筹配置。建立海岸区域的陆域与海域资源重组机制和监测指标体系，构建海岸资源物质量的核算模型与方法，实现资源台账管理，形成沿海地区陆域与海域资源统筹管理模式。三是区域资源管理技术融合。通过建立海岸资源分类体系、资源核算指标体系、核算模型、监测指标体系等统一技术标准及配套制度，实现陆域资源和海域资源数据信息的技术融合。

　　王鹏作为自然资源部海洋空间资源管理技术重点实验室成员，长期从事海洋自然资源管控机制研究，以政策指导→理论基础研究→现状分析→问题导向→制度建设→长效机制的总体脉络开展自然海岸资源管控长效机制研究。

　　本书结构如下。

　　第 1 章自然海岸资源概论，由王鹏、林霞、张连杰、赵博负责完成。王鹏、林霞开展了海岸管控政策管理框架和基础理论研究，在此基础上定义了自然海岸和海岸资源。张连杰、赵博总结了管理海岸人类经济活动的类型。最终，四位作者共同确定了自然海岸资源管控长效机制的研究意义。

第2章海岸资源保护与利用现状，由郝燕妮、闫吉顺、张连杰、黄小露、张盼负责完成。郝燕妮、闫吉顺从利用结构、海岸景观和开发强度对海岸利用现状进行了分析和总结，得出我国管理海岸使用形成了"南林北耕，南少北聚"的空间格局的重要结论。张连杰、黄小露、张盼对海岸使用与保护的管理现状进行了归纳和总结，得出我国管理海岸的法律体系、制度构建和管理措施已经形成一套成熟的管理机制的论断。这一章为后面章节的研究奠定了扎实基础。

第3章我国海岸资源管理体系建设研究，由闫吉顺、王鹏、张盼、赵博、黄小露负责完成。该章重点在于理清我国海岸的科学管理机制，从明确管理范围、基本原则、管理机构、法理基础、配套制度建设以及管理系统建设等方面依次开展研究，基本形成了我国海岸管理的长效机制，为自然海岸资源管控长效机制研究做铺垫。

第4章自然海岸资源保护制度建设研究，由张连杰、王鹏、闫吉顺、方海超、张广帅负责完成。该章主要从技术和管理两方面对自然海岸资源管控长效机制展开研究。方海超、张广帅首先对自然海岸资源保护适宜性评价进行了研究，将自然海岸由高到低分为4个保护级别，分别为严格保护、加强保护、修复维护和整治恢复。在此基础上，张连杰、王鹏、闫吉顺开展了自然海岸资源账户管理体系研究，涵盖了自然岸线资源物质量和价值量核算。为了完善自然海岸资源管控长效机制，王鹏、闫吉顺针对自然海岸的管理开展了进一步研究，形成自然海岸资源分类保护、整治修复的政策制度与技术体系。

第5章大连市自然海岸资源管控长效机制应用示范，由林霞、郝燕妮、赵博、闫吉顺、黄小露负责完成。基于第1章~第4章的研究基础，黄小露对大连市海岸的基本情况进行了分析和评价；林霞对大连市基准岸线进行划定并分析了现状，然后以此为基础，开展了大连市自然海岸资源保护适宜性评价研究；郝燕妮、闫吉顺、赵博对大连市自然岸线资源物质量和价值量进行了核算。最后，提出关于大连市海岸资源管理的具体建议。

第6章环渤海"蓝色经济区2.0"示范区建设方案研究，由张盼、王鹏、张广帅、赵博、闫吉顺负责完成。张广帅、赵博以蓝色经济区的内涵、实践情况为研究基础，开展新形势下"蓝色经济区2.0"基础理论研究，并在"一带一路"倡议，以及"碳达峰碳中和"重大战略框架下，定义了"蓝色经济区2.0"的内涵。张盼、王鹏、闫吉顺以"蓝色经济区2.0"的内涵为基础、"蓝色经济区2.0"基础理论为指导，从示范区选划和发展指标核算体系两方面开展示范区研究，建立了包含自然资源资产价值核算、环境容量价值核算、产业生产总值核算和碳核算的一套促进海岸绿色发展的指标核算体系。

第 7 章台州市海岸建筑后退线建设方案研究，由王鹏、岳羲和、吴洁璇、陈昳、肖华负责完成。王鹏、岳羲和首先阐述了海岸建筑后退线的定义和建立海岸建筑后退线的目的，研究了海岸建筑后退线的确定因素和方法。在此基础上，吴洁璇、陈昳、肖华基于台州市的基本情况，研究制订台州市海岸建筑后退线建设方案。

本书最后附有研究团队获得的"一种具有防止海岸侵蚀兼顾养殖功能的透水式防波堤"专利证书及其说明。该专利是为解决海岸被海水侵蚀受损，破坏海岸景观及生态系统的问题研发而成，是为保护自然海岸所做的进一步努力。

衷心感谢每一位为本书的出版付出辛勤劳动的人，希望通过我们的努力为我国自然海岸资源管控工作提供技术参考。书中若有疏漏之处，敬请读者批评指正。

作 者

2022 年 1 月

目　　录

第1章 自然海岸资源概论

1.1 相关方针政策

1.《生态文明体制改革总体方案》对本书的指导意义

为加快建立系统完整的生态文明制度体系，加快推进生态文明建设，增强生态文明体制改革的系统性、整体性、协同性，2015 年 9 月 11 日，中共中央政治局召开会议，审议通过了《生态文明体制改革总体方案》。

《生态文明体制改革总体方案》指明了生态文明体制改革的指导思想："全面贯彻党的十八大和十八届二中、三中、四中全会精神，以邓小平理论、'三个代表'重要思想、科学发展观为指导，深入贯彻落实习近平总书记系列重要讲话精神，按照党中央、国务院决策部署，坚持节约资源和保护环境基本国策，坚持节约优先、保护优先、自然恢复为主方针，立足我国社会主义初级阶段的基本国情和新的阶段性特征，以建设美丽中国为目标，以正确处理人与自然关系为核心，以解决生态环境领域突出问题为导向，保障国家生态安全，改善环境质量，提高资源利用效率，推动形成人与自然和谐发展的现代化建设新格局。"

《生态文明体制改革总体方案》确定了生态文明体制改革的总体目标："到 2020 年，构建起由自然资源资产产权制度、国土空间开发保护制度、空间规划体系、资源总量管理和全面节约制度、资源有偿使用和生态补偿制度、环境治理体系、环境治理和生态保护市场体系、生态文明绩效评价考核和责任追究制度等八项制度构成的产权清晰、多元参与、激励约束并重、系统完整的生态文明制度体系，推进生态文明领域国家治理体系和治理能力现代化，努力走向社会主义生态文明新时代。

构建归属清晰、权责明确、监管有效的自然资源资产产权制度，着力解决自然资源所有者不到位、所有权边界模糊等问题。

构建以空间规划为基础、以用途管制为主要手段的国土空间开发保护制度，着力解决因无序开发、过度开发、分散开发导致的优质耕地和生态空间占用过多、生态破坏、环境污染等问题。

构建以空间治理和空间结构优化为主要内容，全国统一、相互衔接、分级管理的空间规划体系，着力解决空间性规划重叠冲突、部门职责交叉重复、地方规划朝令夕改等问题。

构建覆盖全面、科学规范、管理严格的资源总量管理和全面节约制度，着力解决资源使用浪费严重、利用效率不高等问题。

构建反映市场供求和资源稀缺程度、体现自然价值和代际补偿的资源有偿使用和生态补偿制度，着力解决自然资源及其产品价格偏低、生产开发成本低于社会成本、保护生态得不到合理回报等问题。

构建以改善环境质量为导向，监管统一、执法严明、多方参与的环境治理体系，着力解决污染防治能力弱、监管职能交叉、权责不一致、违法成本过低等问题。

构建更多运用经济杠杆进行环境治理和生态保护的市场体系，着力解决市场主体和市场体系发育滞后、社会参与度不高等问题。

构建充分反映资源消耗、环境损害和生态效益的生态文明绩效评价考核和责任追究制度，着力解决发展绩效评价不全面、责任落实不到位、损害责任追究缺失等问题。"

《生态文明体制改革总体方案》的指导思想为自然海岸资源管控长效机制研究奠定了理论基础，总体目标为自然海岸资源管控长效机制研究明确了研究目标。在此基础上，本书确定了管控长效机制的技术路线和实现路径[1]。本书在如何构建合理、科学的长效管控机制和建立自然海岸资源管控绩效考核方面都有体现。

2. 《海洋生态文明建设实施方案》对本书的指导意义

2015 年 7 月 16 日，国家海洋局印发了《海洋生态文明建设实施方案》（2015—2020 年）。《海洋生态文明建设实施方案》明确了海洋生态文明建设的十大任务，包括强化规划引导和约束、实施总量控制和红线管控、深化资源科学配置与管理、严格海洋环境监管与污染防治、加强海洋生态保护与修复、增强海洋监督执法、施行绩效考核和责任追究、提升海洋科技创新与支撑能力、推进海洋生态文明建设领域人才建设和强化宣传教育与公众参与。

为推动工作任务的深入实施，《海洋生态文明建设实施方案》提出了四个方面共二十项重大工程项目。着重利用污染防治、生态修复等多种手段改善 16 个污染严重的重点海湾和 50 个沿海城市毗邻重点小海湾的生态环境质量。通过人工补砂、植被固沙、退养还滩（湿）等手段，修复受损岸滩，打造公众亲水岸线。在南方种植红树林，在北方种植桎柳、芦苇、碱蓬，有效恢复滨海湿地生态系统。采取制定海岛保护名录、实施物种登记、开展整治修复等手段保护修复海岛。

《海洋生态文明建设实施方案》着眼于建立基于生态系统的海洋综合管理体系，坚持"问题导向、需求牵引""海陆统筹、区域联动"的原则，以海洋生态环境保护和资源节约利用为主线，以制度体系和能力建设为重点，以重大项目和工程为抓手，推动海洋生态文明制度体系基本完善，使海洋管理保障能力显著提升，生态环境保护和资源节约利用取得重大进展，海洋生态文明建设水平在"十三五"期间有较大水平的提高。

　　《海洋生态文明建设实施方案》是中共中央、国务院《关于加快推进生态文明建设的意见》和《生态文明体制改革总体方案》的贯彻落实。它提出的"十大任务、四个方面、二十项重大工程"为本书从理论到实践指明了方向，在管理机制构建方面具有重要的指导意义，有利于本书更切实地将自然海岸资源管控长效机制落到实处，并进行实践、论证和检验，为管理部门在自然海岸资源管控提供具有科学性、客观性和实用性的技术支撑。

　　本书中建立的自然海岸资源整治与修复体系建设、长期监测制度及监视监测体系和资源账户构建等方面均本着坚持"问题导向、需求牵引""海陆统筹、区域联动"的原则，以海洋生态环境保护和资源节约利用为主线，以制度体系和能力建设为重点，构建管理体系和制度框架，有利于制度的具体落地。

　　3. 《海岸线保护与利用管理办法》对本书的指导意义

　　2017 年 7 月 31 日，为贯彻落实中共中央、国务院《关于加快推进生态文明建设的意见》《关于印发〈生态文明体制改革总体方案〉的通知》和国务院《关于印发水污染防治行动计划的通知》要求，优先保护海洋生态环境，加强海岸线保护与利用管理，实现自然岸线保有率管控目标，构建科学合理的自然岸线格局，国家海洋局制定了《海岸线保护与利用管理办法》①。它确定了我国大陆海岸线的保护、利用与整治修复均属于该办法的管理范围内，清楚地界定了自然岸线、人工岸线和整治修复后具有自然海岸形态特征和生态功能的海岸线三大类海岸线。其中定义了自然岸线是指由海陆相互作用形成的海岸线，包括砂质岸线、淤泥质岸线、基岩岸线、生物岸线等原生岸线。《海岸线保护与利用管理办法》中对自然岸线的界定和分类，为本书中自然海岸的分类和定义提供了重要依据。

　　该办法规定了海岸线的保护和利用实施分类管理制度。按照保护级别将海岸线分为严格保护、限制开发和优化利用三个类别。自然形态保持完好、生态功能与资源价值显著的自然岸线应划为严格保护岸线；自然形态保持基本完整、生态功能与资源价值较好、开发利用程度较低的海岸线应划为限制开发岸线；人工化程度较高、海岸防护与开发利用条件较好的海岸线应划为优化利用岸线。

　　保护级别的界定为本书研究的自然海岸资源分级管理制度建设奠定了扎实基础。以此，本书针对《海岸线保护与利用管理办法》中的严格保护岸段进行了保护适宜性评价和分析，并对严格保护岸段进行了细化分级，提出了不同级别的管理机制。《海岸线保护与利用管理办法》提出，自然岸线保护纳入沿海地方政府政绩考核。本书构建了自然海岸资源的管理绩效机制，通过建立自然海岸资源管理账户和管控指标体系实施自然海岸资源量化目标管理，制定统一计量标准，确定

---

① 2016 年 11 月 1 日中央全面深化改革领导小组第二十九次会议审议通过了《海岸线保护与利用管理办法》。

综合管理目标等手段来对自然海岸资源进行量化目标绩效考核。

《海岸线保护与利用管理办法》中还提出了需对海岸线进行整治修复，建立全国海岸线整治修复项目库，地方政府提出项目清单，纳入全国海岸线整治修复项目库。海岸线整治修复项目重点安排沙滩修复养护、近岸构筑物清理与清淤疏浚整治、滨海湿地植被种植与恢复、海岸生态廊道建设等工程。

1.2　基础理论

1. 自然资源价值理论

马克思劳动价值论是解决自然资源价值问题的坚实理论基础和重要理论依据，自然资源价值理论是在新的历史条件下深化对劳动和劳动价值理论认识的重要途径。自然资源的价值主要由以下四方面决定：第一，在自然资源的生产和再生产过程中伴随着人类劳动的大量投入，使整个现存的自然资源都表现为直接生产和再生产的劳动产品，它们参与流通与交换，因而具有价值。第二，劳动创造的价值是由社会必要劳动时间决定或衡量的。尽管自然资源的再生产有其自身独特的规律性，但是自然资源价值量的大小仍然是由在自然资源再生产过程中人们所投入的社会必要劳动时间决定的。第三，自然资源具有不同程度的自然力作用，能为人们所利用，以节约劳动、增加财富。第四，自然资源的价格是其价值的货币表现，并反映自然资源的供求关系，供求规律决定着自然资源价格变化趋势。因此，作为人类劳动与自然生产结合的产物，自然资源也是使用价值与价值的矛盾统一体；自然资源的价值和一般商品价值是完全同质的，只是两者在量的规定及表现形式等方面存在差别。自然资源既有价值，也有交换价值，还有资产属性。这种解释不但不违背马克思的劳动价值论，而且完全符合马克思劳动价值论的一般原理和实质[1-10]。

以自然资源价值理论为理论基础的自然资源资产化管理就是将自然资源作为生产资料构成的资产来进行管理。自然资源资产化管理的基本要求表现为：第一，确保国家自然资源所有者权益，使国有自然资源的所有权在经济上能得到充分的体现。第二，强调国有自然资源在再生产过程中实现自我积累和保值增值。第三，规范国有自然资源产权的流动，实现自然资源配置和利用的合理化。

2. 供给侧结构性改革理论

供给侧结构性改革旨在调整经济结构，使要素实现最优配置，提升经济增长的质量和数量。需求侧改革主要有投资、消费、出口三驾马车，供给侧则有劳动力、土地、资本、制度创造、创新等要素。供给侧结构性改革，就是从提高供给质量出发，用改革的办法推进结构调整，矫正要素配置扭曲，扩大有效供给，提高供给结构对需求变化的适应性和灵活性，提高全要素生产率，更好地满足广大人民群众的需要，促进经济社会持续健康发展；就是用增量改革促存量调整，在增加投资过程中优化投资结构、产业结构开源疏流，在经济可持续高速增长的基础上实现经济可持续发展与人民生活水平不断提高；就是优化产权结构，国进民进、政府宏观调控与民间活力相互促进；就是优化投融资结构，促进资源整合，实现资源优化配置与优化再生；就是优化产业结构、提高产业质量，优化产品结构、提升产品质量；就是优化分配结构，实现公平分配，使消费成为生产力；就是优化流通结构，节省交易成本，提高有效经济总量；就是优化消费结构，实现消费品不断升级，不断提高人民生活品质，实现创新—协调—绿色—开放—共享的发展[11-18]。

3. 高质量发展理论

高质量发展理论是中国共产党对我国经济社会实践规律的理论化和系统化。坚持以新发展理念及以人民为中心的发展思想为指导的高质量发展，深入研究高质量发展的精神实质和着力点，从外需拉动、资源推动、投入带动、政策驱动等粗放型发展动力，升级为集约型发展创新驱动内生动力，以创新经济的新动能引领高质量发展。坚持绿色发展方向，树立和践行"绿水青山就是金山银山""保护生态环境就是保护生产力、改善生态环境就是发展生产力"的理念，以简约适度、绿色低碳的生产生活方式，不断推进资源节约和循环利用。

高质量发展是一种新的发展理念，是以质量和效益为价值取向的发展。它是基于我国经济发展新时代、新变化、新要求，对经济发展的价值取向、原则遵循、目标追求作出的重大调整，是创新、协调、绿色、开放、共享新发展理念的高度聚合，是创新成为第一动力、协调成为内生特点、绿色成为普遍形态、开放成为必由之路、共享成为根本目的的发展。它要求以质量为核心，坚持"质量第一，效率优先"，确定发展思路、制定经济政策、实施经济调控都要更好地服务于质量和效益。

高质量发展是一种新的发展方式，是现有发展方式的又一次提升。现有发展方式大致归结为两种：一种是粗放式外延发展，另一种是集约化内涵发展。粗放式发展依赖高投入、高消耗实现高产出，忽视效率，更忽视质量。集约化内涵式发展，虽然注重效率，但本质上依然忽视质量，没有超出生产函数的范畴，仍然是单位投入所能生产的产出多少的问题，是如何提高资源利用效率、用更少的投入或成本生产更多产出的问题。它不涉及产出的内涵、层次、结构，该生产什么不该生产什么，供给与需求的匹配程度，从而不涉及产出的福利效应的大小，没有体现产出的质量属性。而高质量发展，作为一种发展方式，不再是简单的生产函数或投入产出问题，核心是发展的质量。发展的质量远不只是产出的质量，而是具有更丰富的内涵和意义[19-25]。

　　4. 陆海统筹理论

　　目前国际公认的、与一体化海岸带管理概念相联系的原则体现在世界银行和欧盟的《一体化海岸带管理》中，即海岸带规划和管理应考虑更加开放的系统，包括海岸带和非海岸带之间的水、空气、沉积物、人、污染物和商品的流动等，管理的层次至少包括空间、部门和组织三个方面。党的十九大报告明确提出"实施区域协调发展战略""坚持陆海统筹，加快建设海洋强国"和"形成陆海内外联动、东西双向互济的开放格局"。

　　陆海统筹是指根据海、陆两个地理单元的内在联系，运用系统论和协同论的思想，在区域社会经济发展过程中，综合考虑海、陆资源环境特点，系统考察海、陆的经济功能、生态功能和社会功能，在海、陆资源环境生态系统的承载力、社会经济系统的活力和潜力基础上，统一筹划中国海洋与沿海陆域两大系统的资源利用、经济发展、环境保护、生态安全和区域政策，通过统一规划、联动开发、产业组接和综合管理，把海陆地理、社会、经济、文化、生态系统整合为一个统一整体，实现区域科学发展、和谐发展。通过协调陆海关系，促进陆海一体化发展，围绕陆海国土空间布局、资源开发、产业发展、通道建设和生态环境保护五大方面推进海洋强国建设，构建陆海资源可持续发展格局[26-34]。

　　5. 区域经济协调发展理论

　　区域经济协调发展是指区域之间在经济交往上日益密切、相互依赖日益加深、发展上关联互动的过程。区域经济协调发展的目的和核心是实现区域经济发展的和谐，经济发展水平和人民生活水平的共同提高，社会的共同进步。实现区域经济协调发展的基本方式是使区域之间在经济发展上形成相互联系、关联互动、正向促进。衡量区域经济协调发展的标准是区域之间在经济利益上是否同向增长以及经济差异是否趋于缩小[35-37]。

1.3　自然海岸定义及分类

　　1. 自然海岸

　　在学术和管理中，经常引用"海岸线""海岸带""海岸"这三个词汇。本书要对自然海岸定义，必须要先解释清楚这三者的区别是什么，以此来说明本书为什么采用"自然海岸"这个词汇，并对其进行定义。

1）海岸线

广义上的定义，海洋与陆地是地球表面两个基本地貌单元，它们之间被一条明显的界限所分开。这条海与陆相互交汇的界限，通常被称为海岸线。

而基于管理或实际应用上的定义较广义定义就显具体了，其中，《海洋学术语　海洋地质学》（GB/T 18190—2017）将其定义为："多年大潮平均高潮位时海陆分界痕迹线。"依据这个定义，我们在空间维度上可以确定一条清晰的海、陆管理界限。但是，从定义中我们也可以看出，它只是一条海、陆界限，更多的是便于海、陆管理，而没有考虑到海、陆的相互作用。而管理上所称的海岸线只是海、陆相互作用地带的表示方法。

2）海岸带

同样，本书也将从广义和管理应用两个方面对海岸带进行讨论。

广义上，将在波浪、潮汐、海面波动、地壳运动和气候变化等动力因素综合作用下，海岸线的两侧具有一定宽度的不断发生变化的条形地带称为海岸带。

海岸带的定义指出了这个地带受到了海、陆的相互作用，而且具有一定的宽度。也就是说，海岸带是一个范围，不只是一条界线。但是，它也只是广义的定义，并没有明确它的具体范围，无法在管理和实际中应用。因此，我国《全国海岸带和海涂资源综合调查简明规程》中将其定义为："海岸带是指海水运动对于海岸作用的最上限界及其邻近陆地、潮间带以及海水运动对于潮下带岸坡冲淤变化影响的范围。"同时指出，海岸带的宽度各国规定不尽相同，并为海岸带确定了范围：一般岸段，自海岸线向陆延伸 10km 左右；向海扩展到 10～15m 等深线；水深岸坡陡的地段，调查宽度不得小于 5n mile。河口地区，向陆地到潮区界；向海至淡水舌锋缘。

《全国海岸带和海涂资源综合调查简明规程》中关于海岸带的定义和划定范围对管理和实际应用具有指导意义，可以在一定范围内对海岸带进行保护和利用。但是，我们可以看出，定义忽略了海岸带是非常重要的生态系统这一重要属性，只是硬性地划定范围以便于管理和实际应用。

3）海岸

海岸较海岸线和海岸带更具有研究特质，对其定义就清楚地诠释了这一点。从海岸地貌学角度讲，海岸是指现在海、陆之间正在相互作用着和过去曾经相互作用的地带。因此，海岸除包括现在的海岸带外，还包括上升或下降的古海岸带。

但是，严凯[38]在《海岸工程》一书中指出："任何一种海岸和任何一个地方的海岸，都不会没有海岸带；但任何一种或任何一种地的海岸带，并不一定都具有上升古海岸带或下沉古海岸带，故当代海岸工程所处的海岸以及所探讨的海岸环境特征，一般多属于现代海岸范畴。"本书认同并接受了这一论点，本书讨论的自然海岸只是现代海岸而不包含古海岸带。

严凯[38]在《海岸工程》一书中对海岸的定义是海、陆交汇的地带，内、外营力作用明显的场所，其类型多种多样。如从地貌学角度，按海岸形态、成因、物质组成和发展阶段等特征考虑，主要可分为基岩海岸、砂（砾）质海岸、淤泥质海岸和生物海岸等类型。砂（砾）质海岸和淤泥质海岸又可统称为平原海岸[38]。

2017年7月31日，《海岸线保护与利用管理办法》发布，将自然岸线定义为由海陆相互作用形成的海岸线，包括砂质岸线、淤泥质岸线、基岩岸线、生物岸线等原生岸线。这与索安宁等[39]在文章《海岸线分类体系探讨》中的论述较为统一。因此，本书将众多学者的研究结论和成果与现行的《海岸线保护与利用管理办法》相结合，对自然海岸进行定义。

作者认为海岸线在管理上的意义更大，其实本质意义上还是在于自然海岸的管理。因为海岸线处于陆域作用和海域作用的相接地带，同时受到陆域活动和海域活动的干扰。所以，管理上对海岸线的保护与利用其实本质是对海岸的保护与利用，那么，对自然岸线的保护其实本质上也是对自然海岸的保护。也就是说，所谓的岸线资源其实就是海岸资源。

综合所述分析，本书对自然海岸的定义是受到海、陆相互作用而形成且保留生态完整性地带。自然海岸类型包括基岩海岸、砂（砾）质海岸、淤泥质海岸、河口湿地海岸和生物海岸。

定义主要体现了两点，一是受到海、陆的相互作用，二是保留生态完整性。受到海、陆相互作用表现的是管理范畴，即人类或自然对海岸有影响的陆域和海域地带，比如行政村或更大的行政范围；保留生态完整性是要体现自然海岸保护的是生态的完整性，保护每一类的生态类群的完整性，以确保该类群的生态功能和未来所提供的服务功能价值。在管理和生态完整结合的同时界定了自然海岸的范围。

2. 基岩海岸

学术中基岩海岸的一般定义是由岩石组成的海岸。基岩是被海浪冲击形成的海蚀岩台等海蚀地貌，包括海蚀洞、海蚀拱桥、海蚀崖、海蚀平台和海蚀柱。基岩海岸的主要特征是岸线曲折、湾岬相间、岸坡陡峭、沙滩狭窄。

严凯[38]在《海岸工程》一书中描述了："基岩海岸又称港湾海岸，一般是陆地山脉后丘陵延伸且直接与海面相交，经海侵及波浪作用所形成。其特征为地势陡峭，深水逼岸，岸线曲折，岬湾相间且多有伸入陆地的天然港湾；沿岸岛屿众多，常在沿岸及湾口一带形成水深流急的通道，也常使湾口或岬角深水岸段受到一定程度的掩护；岸滩狭窄，堆积物质多砾石、粗砂，海床还往往覆盖有淤泥、粉砂，其中部分来自岩石的风化剥蚀，但主要由邻近河流输出泥沙所提供。"

索安宁等[39]在文章《海岸线分类体系探讨》中写道："基岩海岸线的潮间带

底质以基岩为主，是由第四纪冰川后期海平面上升，淹没了沿岸的基岩山体、河谷，再经过长期的海洋动力过程作用形成岬角、港湾相间的曲折岸线。基岩海岸线曲折度大，岬角突出海面、海湾深入陆地。岬角岸段一般以侵蚀为主，侵蚀下来的物质在波浪和海流的作用下，被输移到海湾岸段堆积。基岩海岸岸坡陡峭，奇峰林立，怪石嶙峋，海水直逼悬崖，海岸景观秀丽。"

本书参考众多学者的研究成果和结论，并结合 3.1 节中关于自然海岸的定义对基岩海岸进行定义。

基岩海岸是自然形成的由岩石组成潮间带底质、以基岩为主且保持海蚀地貌完整的地带。

3. 砂（砾）质海岸

从学理上，砂（砾）质海岸和淤泥质海岸多从组成"砂"的粒径来区分。但是，砂（砾）质海岸和淤泥质海岸的成因则完全不同。索安宁等[39]在文章《海岸线分类体系探讨》中对砂（砾）质海岸的定义是由粒径为 0.063～2mm 的砂、砾等沉积物质在波浪的长期作用下形成的相对平直岸线。而严凯[38]在《海岸工程》一书中却从砂（砾）质海岸的成因对其进行了描述和定义："砂（砾）质海岸又称堆积海岸，主要是平原的堆积物质被搬运到海岸边，再经波浪或风的改造堆积所形成。"

砂（砾）质海岸的特征一般为岸线比较平直，组成物质以松散的砂（砾）为主，岸滩较窄，而坡度较陡，一般大于 1/100；在波浪作用下，沿岸输沙以底沙为主；堆积地貌类型发育较多，常形成沿海沙丘、沙嘴、连岛沙坝、沿岸沙坝、潮汐汊道，以及沿岸链状沙岛和潟湖；在潟湖口内或口门附近的岸段，多具有一定水深和掩护条件。在我国主要分布在辽宁、河北、山东半岛、福建、台湾西岸、广东、海南和广西沿岸。另外苏、浙岸也有少量分布。总体来说，砂质海岸居多，砾石海岸较少，沙滩细软、日光明媚、海水清澈、环境优美。但是，大多处于运动变迁之中，因此在确定开发利用方案时，必须考虑到岸滩演变及海岸防护措施。

同样，本书通过对众多学者对砂（砾）质海岸的描述和总结，最终将砂（砾）质海岸定义为：

砂（砾）质海岸是经波浪或风的改造堆积所形成粒径为 0.063～2mm 沉积物质的完整地带。

4. 淤泥质海岸

淤泥质海岸与砂（砾）质海岸在学理上最直接的界定方式是通过组成物质的粒径进行区分。索安宁等[39]在文章《海岸线分类体系探讨》中对淤泥质海岸的定义是粒径为 0.01～0.05mm 的泥沙沉积物长期在潮汐、径流等动力作用下淤积形成的底质为淤泥的相对平直海岸线。

淤泥质海岸主要由江河携带入海的大量细颗粒泥沙在波浪和潮流作用下输运沉积所形成,故大多分布在大河入海处的三角洲地带,称为平原型淤泥海岸;另外一部分是由沿岸流搬运的细颗粒泥沙,在隐蔽的海湾堆积而成,称为港湾型淤泥质海岸。淤泥质海岸的主要特征为:岸滩物质组成较细,多属黏土、粉砂质黏土、黏土质粉砂和粉砂等;在潮、浪作用下,泥沙运动主要呈悬沙输移,而潮流是塑造潮滩地貌的主要动力,从而导致从陆到海的明显非带性;潮滩季节性冲淤变化;岸线平直,地势平坦,潮滩坡度一般 1/2000～1/500。这类海岸滩宽水浅,潮滩地貌又比较单调,蕴藏着丰富的土地资源。地势平坦开阔,海滩宽达几千米,甚至十几千米,是滨海滩涂湿地的主要集中分布区。淤泥质海岸滩涂宽阔,水浅滩平,便于围塘,多被开发为养殖池塘、盐场。

我国淤泥质海岸有广泛的分布,主要分布在辽东湾、渤海湾、莱州湾、苏北、长江口、浙闽港湾和珠江口外等岸段,其总长度在 4000km 以上,约占全国海岸线总长度的四分之一。我国淤泥质海岸的动态可分为淤积、侵蚀与未定三种类型,大多为淤积与稳定型。侵蚀型淤泥质海岸主要分布在苏北废黄河口岸段与上海和浙江的杭州湾北岸。

依据淤泥质海岸的特征与自然属性,本书将其定义为:

淤泥质海岸是长期在潮汐、径流等动力作用下淤积形成粒径为 0.05～0.01mm 沉积物质的完整地带。

5. 河口湿地海岸

在学术中,一般没有将河口湿地海岸划分为海岸类型的一种。更多的原因在于河口湿地海岸的形成机理与淤泥质海岸和砂(砾)质海岸基本相同,大多是由于沉积或淤积而形成的。但是,河口海岸附近往往会形成湿地,致使河口海岸与湿地共同构成了河口湿地海岸。

索安宁等[39]在文章《海岸线分类体系探讨》中提出了:"河口海岸线分布于河流入海口,是河流与海洋的分界线。在河口区域,河流水面与海洋水面连为一体,没有明显的海陆分界线。因此,河口海岸线与其他自然海岸线的海陆分界特点不同,它是河流水面与海洋水面的分界线,一般以河流入海河口区域的陡然增宽处为界。有些河口形状复杂,需要根据具体的地形特征、咸淡水混合区域、管理传统等确定。"

由于河口湿地是动植物密集区域,自然资源丰富,具有巨大的环境调节功能,在珍稀动物保护、生物多样性维持和海岸带保护等方面起着重要作用。本书将此划定为一种海岸类型的原因是对于这一特殊的海岸类型应在管理上提出更多的要求。

综上所述，本书将河口湿地海岸定义为：

河口湿地海岸是海、河分界线且保持湿地等典型自然生态属性的完整地带。

6. 生物海岸

对生物海岸来说，生物生长繁盛是海岸发育的主导因素，由生物构建而成的海岸，包括珊瑚礁和牡蛎礁等动物残骸构成的海岸，以及红树林与湿地草丛等植物群落构成的海岸。索安宁等[39]在文章《海岸线分类体系探讨》中对生物海岸线的描述是："生物海岸线的潮间带是由某种生物特别发育而形成的一种特殊海岸空间。生物海岸线多分布于在低纬度的热带地区，主要有红树林海岸线、珊瑚礁海岸线、贝壳堤海岸线等。生物海岸资源丰富，环境脆弱，奇特珍稀，多被选划为海洋自然保护区等保护区域。"

我国主要的生物海岸类型主要包括红树林海岸和珊瑚礁海岸。前者由红树植物与淤泥质潮滩组合而成，后者由热带造礁珊瑚虫遗骸聚积而成。

（1）红树林海岸是由红树植物覆盖的海岸。全球 75%的热带和亚热带的低洼海岸有红树植物生长，主要分布在南、北回归线之间，由其控制覆盖的面积约为 240000km^2。在北半球，由于黑潮暖流的影响，红树林可出现在日本九州与我国台湾基隆、淡水，而大陆沿岸，红树林植物的自然生长边界为福鼎，人工引种可达浙江苍南，福建、两广和海岸沿海均有断续分布，总长 400km，总面积约40000hm^2，以海南较为茂盛。

红树林是一种在高温、低盐的河口或内湾淤泥质潮滩上的特殊植被类型，它具有与环境相适应并保护环境生态的功能，特别是在中潮滩经繁殖可形成茂盛的红树林带并构成深林生态系，具有消浪、滞流、促淤、保滩的作用，形成一道与岸线平行而能抗御风浪的绿色屏障。红树林是世界上较多产的、生物种类较多的生态系统之一。它为 2000 多种鱼类、森林脊椎动物和附生植物提供栖息地。林下蕴藏着丰富的水产资源，应注意合理开发利用与保护。我国已先后建有广西河浦山口和海南东寨港红树林自然保护区。

（2）珊瑚礁海岸主要分布在南纬 30°与北纬 30°之间的热带和亚热带地区，珊瑚礁及其周边环境覆盖面积约 600000km^2。我国南海诸岛、海南、台湾及澎湖列岛和两广沿岸均有分布。大陆沿岸以岸礁（礁体贴岸分布）为主，南海诸岛以环礁（礁体呈环形堆积）为主。最长的岸礁发育在红海沿岸，长达 2700km；环礁在三大洋的热带海洋均有分布。滨海的礁坪对波浪具有强的消能作用，往往形成环的屏障。这类海岸岸线曲折，常伴有潟湖与汊道，岸滩较陡，也有宜于建中小型港口和渔港的场所，我国已开发利用的有海南八所港、三亚港、榆林港、新村港等。此外，珊瑚礁海岸往往又是海洋油气富集区，在南海已发现古礁型油气田；珊瑚礁是海洋中的"热带雨林"，属高生产力生态系统，约 1/3 的海洋鱼类生活在礁群中而构成水资源的富集地；珊瑚礁是尚未开发的巨大生物宝库，其有重要药用和工业利用价值；珊瑚礁又是海洋中的奇异景观，为发展滨海旅游业提供了条件。

生物海岸具有天然的自然属性和生态独特性，必须得到严格和全面的保护。根据以上对生物海岸的描述，本书最终将生物海岸定义为：

生物海岸是包括红树林、珊瑚礁海岸等生物构建而成且保持自然生态完整地带。

7. 主要目的

本节对自然海岸、基岩海岸、砂（砾）质海岸、淤泥质海岸、河口湿地海岸和生物海岸进行了重新定义。主要目的有以下几点。

（1）保护自然海岸的完整性。从上述的定义中不难看出，作者在强调自然属性和生态环境的完整性。因为，以往的无论是对海岸线、海岸带还是对海岸的定义，要么是以强调成因而在广义上的定义，要么硬性地划出一定的范围便于实际应用和研究，都没有考虑海岸自身的自然属性和生态环境特性，以及它们的完整性。所以，本书对其进行了重新定义。

（2）便于管理的实用性。上述的定义中不仅考虑到各海岸类型的自然属性和生态环境的完整性，而且充分考虑了在管理上的实用性。以往的定义中，没有考虑管理的需求，这也是海岸这一概念无法在管理中具体实施的主要原因。而管理中习惯使用的是"海岸线"。对海岸线的管理其实在某种程度上违背了"陆海统筹"这一理念。无论在学术上或实际应用中都没有清楚地划定海岸范围，而直接导致"海岸"无法应用于管理中。本书对其重新定义的动因也源于此。

（3）为本书后面章节奠定基础。本书对各类海岸重新定义后，评价指标体系才能建立，资源才能进行核算，自然资源账户才能得到实施，管理要求、环境要求和审计考核的制度才能搭建。最终，自然海岸资源管控长效机制才能得以实现。

1.4　海岸资源定义及分类

"资源"同时存在广义和狭义两方面的意义。广义上，自然资源、经济资源、人力资源、社会资源等都可以被称为"资源"。也就是说，资源涵盖了自然资源。但是，广义的"资源"超过了本书所说的自然海岸资源，范围太广，不属于本书的研究范围。本书所指的自然海岸资源属于狭义意义上的"资源"。狭义资源仅指自然资源，因为自然资源是生产资料或生活资料的天然来源，是人类赖以生存和发展的物质基础、能量基础和生存基础。联合国环境规划署将自然资源解释为在一定时间、地点条件下能生产经济价值，以提高人类当前和将来福利的自然环境因素和条件。一般可分为矿产资源、土地资源、水资源、气候资源、生物资源、海洋资源等。

上面所述的资源更多地偏于经济学对自然资源进行定义。而本书所说的自然海岸资源是在地学和自然地理方面的描述和定义。自然资源就是自然界赋予或前人留下的，可直接或间接用于满足人类需要的所有有形之物与无形之物。资源可分为自然资源与经济资源，能满足人类需要的整个自然界都是自然资源，它包括空气、水、土地、森林、草原、野生生物、各种矿物和能源等。自然资源为人类提供生存、发展和享受的物质与空间。社会的发展和科学技术的进步，需要开发和利用越来越多的自然资源[40-41]。

需要指出的是本书所说的"自然海岸资源"是在狭义意义上的自然资源的基础上更细化、更小范围意义上的自然资源。

通过上述的论述，确定本书所说的"自然海岸资源"研究范围，以此对"自然海岸资源"进行定义。本书不对自然资源重新定义，因为那不是本书的研究意义和目的。因此本书对自然海岸资源只在分类上进行定义：

自然海岸资源是指包括物质资源、空间资源、景观资源、旅游文化资源、生物资源、湿地（滩涂）资源和水资源等因自身改变而可以反作用于海岸的自然资源。

1. 物质资源

讨论自然海岸资源首先必须要考虑自然资源中的基本资源，就是物质资源。我们谈到的物质资源其实更多的是物质供给。也就是说自然海岸资源给了我们人类哪些物质资源，主要包括农业资源、森林资源、气候资源、水资源、土地资源、生物资源、矿产资源以及海洋资源等。这里可能不包括自然海岸资源的服务功能，无论是旅游服务还是更大范围的生态服务功能。

为什么这里要强调谈到的物质资源需要除去服务功能？原因在于在自然资源核算研究领域是要对物质资本和服务功能进行叠加计算的。其实，这两部分是两个不同核算领域。这里进行澄清的目的是为以后章节中自然海岸资源核算和账户的建立划分清楚。现阶段对自然资源环境的生态服务功能价值核算中，物资供给量和服务功能价值有重叠。本书在以后章节中也会解决这个问题。

本书为了界定物质资源和服务功能的界线，对自然海岸物质资源进行定义：

自然海岸物质资源是自然海岸范围内能够满足人类物质供给的一切资源，包括农业资源、森林资源、气候资源、水资源、土地资源、生物资源、矿产资源以及海洋资源等[42]。

2. 空间资源

空间资源是自然海岸资源的重要资源之一，它不仅为人类提供了资源利用的发展空间，而且提供了亲水空间的福祉。自然海岸的空间资源，是人类对自然资源的储备资源，是一种蓄能资源。合理划定自然海岸的空间范围，是对自然资源的有效保护。所以，本书讨论空间资源更大的目的是找到一种科学合理的划定方法去划定自然海岸的空间资源。本书对空间资源进行定义：

自然海岸空间资源是为人类提供海岸资源利用空间和亲水空间的一定范围[43-46]。

3. 景观资源

对于景观资源方面的论述主要体现在景观资源美学、景观生态学和景观经济学。换句话说，景观或景观资源在学术上的研究方向，需要在其他学科深层次探索和表现。究其原因在于景观更多的是其他学科表现形式，其他学科需要通过景观来表达，将自然景观和其他学科综合研究有助于分析资源变化的机理和诱因。自然景观和人文景观是重要的环境资源，也是大众物质生活和精神活动的重要载体。

基于景观资源美学将"景"和"观"进行了拆分解释，"景"是以自然环境为主的客观世界的形象信息，"观"是这种形象通过人的感官传导到大脑皮层而产生的感受、联想与情感。

而在景观生态学中对"景观"的描述是，在一个相当大的区域内，由许多不同生态系统所组成的整体（即景观）的空间结构、作用影响、协调功能及动态变化的一门生态学新分支。景观生态学给生态学带来了新的思想和新的研究方法。

景观经济学，简单来说就是将自然环境各类景观和人文社会各类景观作为一个整体进行研究，尤其是对那些能够带来精神深度体验的景观资源消费及创造行为进行研究，探索文化演进中人类对于各类景观资源的消费、创造等行为模式以及由此产生的经济效应和经济活动规律。景观经济学事实上需要借助自然地理学、景观生态学、社会心理学、福利经济学、实验与行为经济学及制度经济学等学科成果来丰富其研究内容和增强其理论解释能力，尤其是要解释人类对环境景观偏好的形成与演化，以及由此产生的各类经济行为的动机、行为与结果等[47]。

本书研究海岸景观资源的主要目的是通过分析海岸景观格局变化的机理和诱因，掌握自然海岸的变化动因，以充分对自然海岸进行科学保护。因此，本书需要对海岸景观资源进行定义，为以后章节对自然海岸管理的研究作出有力支撑。

本书所指的海岸景观资源是以自然环境为主的空间资源，是自然海岸变化动因的一种表现形式。

4. 旅游文化资源

学术上对旅游文化资源的一般定义是具有旅游吸引力并能够体现人类文化内涵的自然因素、人文因素的总和。可见，研究旅游文化资源离不开自然环境因素。

因此，自然海岸的旅游文化资源是由自然地理环境、自然景观派生出来的资源。更多地体现在自然为人类带来的福祉，强调的是自然资源、环境和生态派生出的人类福祉，它是自然海岸资源的一部分，并不是从经济、社会和人文的某一方面独立的旅游文化资源[48-49]。因此，本书将其定义为：

自然海岸旅游文化资源是由自然资源、环境和生态派生的海岸资源，是自然海岸资源潜在资源或是附加资源。

由定义可以看出，旅游文化资源不是固有的，是自然海岸资源特性的一种派生。这种资源不只有自然资源才有，但是这种资源是自然资源的潜能发挥。它可以在某种程度、某种意义或者某个方面对自然资源价值放大，是一种不可忽视的自然资源。之所以说它是一种附加资源，是因为自然资源是自然海岸旅游文化资源的基础，但是，同样自然旅游文化资源也可以赋能于自然资源，为自然资源提供载体，从不同角度对其进行保护。

5. 生物资源

自然海岸包含丰富的生物资源，是自然资源的有机组成部分，是生物圈中对人类具有一定经济价值的动物、植物、微生物有机体以及由它们所组成的生物群落。而海岸蕴藏着动物和植物群体，是有生命、能自行增殖和不断更新的海洋资源。其特点是通过生物个体种和种下群的繁殖、发育、生长和新老替代，使资源不断更新，种群不断补充，并通过一定的自我调节能力达到数量相对稳定。

谈论自然海岸的生物资源主要考虑两点：第一是物质资源，也就是我们常说的物质供给，生物物质量总和；第二是生物多样资源，是生物及其环境形成的生态复合体以及与此相关的各种生态过程的综合，包括动物、植物、微生物和它们所拥有的基因以及它们与其生存环境形成的复杂的生态系统。通常包括遗传多样性、物种多样性和生态系统多样性三个组成部分。本书认为，与物质资源相比，生物多样性资源更为重要。若站在保护的角度，这一点就显得更为重要。生物多样性资源一旦被破坏可能是毁灭性的，是不可恢复的。当然，这也是本书对自然海岸资源管控的原因之一。

6. 湿地（滩涂）资源

湿地是重要的国土资源和自然资源，具有多种功能。它与人类的生存、繁衍、发展息息相关，是自然界最富生物多样性的生态景观和人类较重要的生存环境之一。一般定义的"湿地"主要包括沼泽、湖泊湿地、河流湿地、河口湿地、海岸滩涂、浅海水域、水库、池塘、稻田等各种自然和人工湿地，而青藏高原的陆极湿地又具有世界特色。

本书主要讨论的是滨海湿地，指发育在海岸带附近并且受海陆交互作用的湿地,广泛分布于沿海海陆交界、淡咸水交汇地带,是一个高度动态和复杂的生态系统。滨海湿地不仅具有丰富的生物多样性和极高的生产力,而且蕴藏着丰富的矿产和能源,同时发挥着诸多其他生态系统所不能替代的重要功能,如抵御海洋灾害、控制海岸侵蚀、调节径流、改善气候、降解污染、美化环境、维护区域生态平衡及提供野生动植物生境等。滨海湿地资源的消长及景观类型、景观格局的变迁,决定着湿地生态服务功能的发挥和演化,直接影响着沿海区域资源、环境、经济的协调发展和社会的进步[50]。

相关学者对滨海湿地定义可以满足本书对湿地资源的讨论,这里不再重新定义。但是需要指出的是天然湿地属于本书的讨论范围。

7. 水资源

水资源是指可资利用或有可能被利用的水源,这个水源应具有足够的数量和合适的质量,并满足某一地方在一段时间内具体利用的需求。自然海岸中的水资源是淡水资源、滩涂湿地和海域。

1.5　海岸人类经济活动分类

一般海岸范围内主要的人类经济活动包括农业生产活动、渔业生产活动、工业生产活动、交通运输建设与服务活动、城镇建设活动、旅游建设与服务活动等。

1. 农业生产活动

农业生产活动一般是指在海岸陆域种植农作物或围垦海域种植农作物的生产活动。其主要表现形式是农田。

2. 渔业生产活动

渔业生产活动主要包括三种形式:一是在沿岸海域围堰或陆域内挖养殖池进行海水养殖活动;二是在近岸滩涂撒播人工培育的稚贝或采集的幼贝的自然海水养殖活动;三是在近岸海域采用浮筏和深海网箱、底播方式的自然海水养殖活动。

3. 工业生产活动

工业生产活动一般是指在海岸范围内进行工业生产的经济活动,主要类型包括沿海石化工业、沿岸核电工业、装备制造业、高新材料生产工业、造船业、石油工业等。

4. 交通运输建设与服务活动

交通运输建设与服务活动是指海岸范围内利用交通运输工具将货物或者旅客送达目的地，使其空间位置得到转移的业务活动。包括陆路运输服务、水路运输服务、航空运输服务和管道运输服务。

5. 城镇建设活动

城镇建设活动是在海岸范围内进行的住宅、酒店、道路、园林和绿化等用于城镇居民居住、休闲和服务的建设活动。

6. 旅游建设与服务活动

旅游建设与服务活动是在海岸范围内进行能够满足游客在旅行游览过程中基本需求的基础性建设、服务等经济活动。

1.6　自然海岸资源管控长效机制的研究意义

人类对海岸资源的无序利用已经造成了海岸资源环境和生态环境不同程度的破坏，有的甚至是不可逆的。开展自然海岸资源管控长效机制的研究是实现最美海岸建设的基础，是海岸资源保护与利用制度有效实施的保障体系。本节重点对其进行定义，建立科学、扎实的技术路线，充分论证自然海岸资源管控长效机制的研究意义。

1. 定义

对自然海岸资源管控长效机制的研究属于经济地理学范畴，基于资源利用现状评价和分析，掌握人类经济活动与地理环境相互关系。

自然海岸资源管控长效机制是以保护优良的自然海岸资源为目的，以科学管控、有效治理、修复有度为目标，构建严格保护海岸、加强保护海岸、修复维护海岸、整治恢复海岸四级保护管理体系，建立自然海岸资源核算体系，设立自然海岸资源管理账户，实现自然海岸资源台账管理，能长期保证自然海岸资源保护与利用制度正常运行并发挥预期功能的制度体系。

2. 研究范围及对象

本书所指海岸资源管控范围以基准岸线为陆海资源管控线，陆海资源管控线向陆一侧至沿海县（市、区）级行政单元边界为陆域，向海一侧至地方管辖海域界限为海域，共同围成的闭合范围为管理界限。

沿海县（市、区）级行政单元是与海洋相接或毗邻且具有海洋属性的县（市、区）级行政单元。其中，海洋经济属性是指地方海洋经济和发展在国民经济和社会发展中比重不低于 10%。

研究对象为海岸资源管控范围的一切资源、环境和生态系统。

3. 技术路线

总体技术路线是以政策方针为指导，在充分研究基础理论的基础上，明确自然海岸、自然海岸资源的内涵，确定我国海岸的管理范围。通过研究海岸资源、自然海岸的分类体系，了解海岸人类经济活动的主要类型，以此为基础，展开对海岸资源使用现状的评价与分析，结合目前海岸使用的管理体系，总结新形势下我国海岸使用与管理存在的问题。以问题为导向，制定科学、可行的自然海岸资源管控长效机制研究技术路线。

自然海岸资源管控长效机制研究技术路径分为 3 个层次：基础研究层→管理机制与制度研究层→应用示范层。

1）基础研究层

准确把握国家政策、战略，以国家重大战略政策为基础，重点研究相关基础理论，涉及自然资源价值理论、供给侧结构性改革理论、高质量发展理论、陆海统筹理论和区域经济协调发展理论等。在此基础上，确定海岸范围，对海岸资源、自然海岸进行定义，掌握自然海岸、海岸资源和人类活动的类型；开展海岸资源使用现状研究，从结构、景观和开发强度三个方面对我国海岸使用现状进行评价，结合现行海岸使用与保护管理现状，总结我国海岸资源使用和管理的问题。

2）管理机制与制度研究层

开展我国海岸管理体系建设和自然海岸资源保护制度建设研究。从海岸管理范围、基本原则、机构设立、法理基础、配套制度和管理系统等多方面开展我国海岸管理体系、机制研究，并给出政策措施建议和实施方案；以我国海岸管理体系、机制建设方案为基础，开展自然海岸资源保护制度建设的研究，包括自然海岸资源保护适宜性评价制度、自然海岸资源账户管理体系、自然海岸资源分类保护管理制度和自然海岸资源整治与修复制度等，给出科学可行的政策建议和操作办法。

3）应用示范层

在以上的研究基础上，实施大连市自然海岸资源管控长效机制的应用示范、环渤海"蓝色经济区 2.0"示范区建设方案研究和台州市海岸建筑后退线建设方案研究。大连市自然海岸资源管控长效机制包括大连市海岸资源开发利用现状分析、基准岸线划定及现状分析、自然海岸资源保护适宜性评价、基准自然岸线资源物质量核算、基准自然岸线资源价值量核算、大连市海岸资源管理建议等。环渤海"蓝色经济区 2.0"示范区建设方案研究包括"蓝色经济区 2.0"的内涵、环渤海经济区发展基本情况、示范区选划体系、发展指标核算体系等。自然海岸资源管控长效机制研究技术路线图见图 1-1。

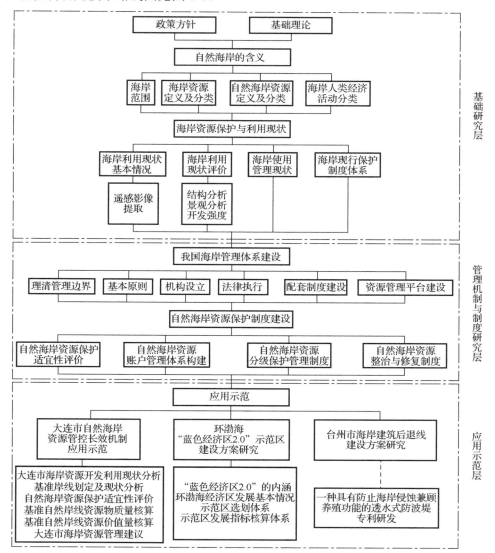

图 1-1　自然海岸资源管控长效机制研究技术路线图

4. 研究意义

2017 年，中国共产党第十九次全国代表大会首次提出"高质量发展"表述，表明中国经济由高速增长阶段转向高质量发展阶段，绿色发展是我国从速度经济转向高质量发展的重要标志。2020 年 10 月，党的十九届五中全会提出，"十四五"

时期经济社会发展要以推动高质量发展为主题，以深化供给侧结构性改革为主线，坚持质量第一、效益优先，切实转变发展方式，推动质量变革、效率变革、动力变革。2021 年，恰逢"两个一百年"奋斗目标历史交汇之时，特殊时刻的两会，习近平接连强调"高质量发展"。3 月 30 日，中共中央政治局召开会议，审议《关于新时代推动中部地区高质量发展的指导意见》。2017 年以来，党中央、国务院高度密集地强调"高质量发展"，我国正转向绿色发展模式。

与此同时，党的十八大报告中提出："提高海洋资源开发能力，坚决维护国家海洋权益，建设海洋强国。"党的十九大报告提出："坚持陆海统筹，加快建设海洋强国。"海洋强国建设已成为重大国家战略。经过改革开放 40 多年的发展，我国海洋经济逐步脱离依赖海洋资源的初级发展阶段，依靠粗放开发利用的发展模式完成了高速增长阶段，随着新时代的到来迈入了高质量发展阶段。经初步核算，2020 年全国海洋生产总值 80010 亿元，比上年下降 5.3%，占沿海地区生产总值的比重为 14.9%，比上年下降 1.3 个百分点。这反映出海洋经济发展存在国际经济发展环境复杂、国内粗放开发利用的发展模式向高质量发展模式升级转化的矛盾，说明过去粗放式开发、过度使用、陆海资源不协调的发展模式已经不能满足建设海洋强国、高质量发展的迫切需求。2017 年 7 月 31 日《海岸线保护与利用管理办法》颁布实施，建立了海岸线分类保护制度，是推进自然海岸保护工作顺利开展的重要基础和政策抓手。因此，加强自然海岸保护与修复，坚持陆海资源统筹配置，创新海岸资源分配方式，协调海岸带区域平衡发展，提出科学、可行的政策建议，建立自然海岸资源管控长效机制，是促进海洋产业高质量发展的重要探索，具有重要意义。

第2章 海岸资源保护与利用现状

2.1 海岸资源利用现状

本节的重点是掌握管理海岸资源利用总体情况和自然海岸资源利用基本情况。本节利用遥感影像解译结果，统计管理海岸土地利用现状和海域使用现状，在此基础上以省级管理海岸为统计口径分析省级管理海岸内的物质资源、空间资源、景观资源、旅游文化资源、生物资源、湿地（滩涂）资源的基本情况。

2.1.1 数据提取方法

1. 地物特征和判读标志

遥感中搭载传感器的工具统称为遥感平台。遥感平台按平台距地面的高度大体上可分为三类：地面平台、航空平台、航天平台。本书选用航天平台中卫星遥感，获取卫星遥感影像数据。

1）光谱特征及其判读标志

地物的反射波普特性一般用一条连续曲线表示。而多波段传感器一般分成一个一个波段进行探测，在每个波段里传感器接收的是该波段区间的地物辐射能量的积分值（或平均值）。当然还受到大气、传感器相应特性等的调制。地物在多波段图像上特有的这种波普响应就是地物的光谱特征的判读标志。不同地物波普响应曲线是不同的，因此它们的光谱判读标志就不一样[51-52]。

2）空间特征及其判读标志

景物的各种几何形态为其空间特征，它与物体的空间坐标 X、Y、Z 密切相关，这种空间特征在影像上也是有不同的色调表现出来的。它包括通常目视判读中应用的一些判读标志：形状、大小、图形、阴影、位置、纹理、类型等。

3）时间特征及其判读标志

对于同一地区景物的时间特征表现在不同时间地面覆盖类型不同，地面景观发生很大变化。

4）影响景物特征及其判读的因素

（1）地物本身的复杂性。地物种类繁多，由此造成景物特性复杂变化和判读上的困难。种类的不同构成了光谱特征的不同及空间特征的差别，这给判读者区分地物类别带来了好处。但同一大的类别中有许多亚类、子亚类，它们无论是在空间特征还是在光谱特征上很相似或相近,这会给判读带来困难。还有同一地物,由于各种内部因素或外部因素的影响使其出现不同的光谱特征或空间特征,有时甚至差别很大。即常常在像片上发现不同类别出现相似或相同的判读标志,而同一类别又出现不同的判读标志。我们可以用分级结构的概念来处理地物类别的复杂性。

（2）传感器特性的影响。传感器特性对判读标志影响最大的是分辨率。分辨率的影响主要包括几何（空间）分辨率、辐射分辨率、光谱分辨率和时间分辨率。

2. 影像自动识别分类

遥感图像的自动识别分类主要采用决策理论（或统计）方法,按照决策理论方法,需要从被识别的模式（即对象）中,提取一组反映模式属性的量测值,称之为特征,并把模式特征定义在一个特征空间中,进而利用决策的原理对特征空间进行划分。以区分具有不同特征的模式,达到分类的目的。遥感影像模式的特征主要表现为光谱特征和纹理特征两种。基于光谱特征的统计分类方法是遥感应用处理在实践中最常用的方法。

3. 遥感影像信息

全国沿海土地利用数据是基于 Landsat 8 遥感影像解译完成的。Landsat 8 是美国陆地卫星（Landsat）计划的第八颗卫星,于 2013 年 2 月 11 日在加利福尼亚范登堡空军基地由 Atlas-V 火箭搭载发射成功,最初称之为"陆地卫星数据连续性任务"。Landsat 8 上携带陆地成像仪和热红外传感器,见表 2-1。

表 2-1　Landsat 8 信息表

传感器类型	波段	波长范围/μm	空间分辨率/m	主要应用
陆地成像仪	Band 1 Coastal（海岸波段）	0.433～0.453	30	主要用于海岸带观测
	Band 2 Blue（蓝波段）	0.450～0.515	30	用于水体穿透、分辨土壤、植被
	Band 3 Green（绿波段）	0.525～0.600	30	用于分辨植被
	Band 4 Red（红波段）	0.630～0.680	30	处于叶绿素吸收区,用于观测道路、裸露土壤、植被种类等
	Band 5 NIR（近红外波段）	0.845～0.885	30	用于估算生物量,分辨潮湿土壤
	Band 6 SWIR 1（短波红外 1）	1.560～1.660	30	用于分辨道路、裸露土壤、水,还能在不同植被之间有好的对比度,并且具有较好的大气、云雾分辨能力
	Band 7 SWIR 2（短波红外 2）	2.100～2.300	30	用于岩石、矿物的分辨,也可用于辨识植被覆盖和湿润土壤

续表

传感器类型	波段	波长范围/μm	空间分辨率/m	主要应用
陆地成像仪	Band 8 Pan（全色波段）	0.500～0.680	15	为 15m 分辨率的黑白图像,用于增强分辨率
	Band 9 Cirrus（卷云波段）	1.360～1.390	30	包含水汽强吸收特征,可用于云检测
热红外传感器	Band 10 TIRS 1（热红外 1）	10.600～11.190	100	感应热辐射的目标
	Band 11 TIRS 2（热红外 2）	11.500～12.510	100	感应热辐射的目标

2.1.2　海岸资源利用现状基本情况

1. 我国海岸资源分布基本情况

全国海岸范围包括 8 个省、2 个直辖市和 1 个自治区,其中广东省海岸由广东省海岸范围和粤港澳大湾区海岸范围共同组成。全国海岸总面积为 60415660hm^2,海岸面积最大的广东省（包含粤港澳大湾区）海岸面积为 11628643hm^2,其次是海南省,面积为 9205584hm^2。其他沿海省（区、市）的海岸面积分别为辽宁省 7180708hm^2、河北省 1764668hm^2、天津市 408338hm^2、山东省 8758878hm^2、江苏省 5250209hm^2、上海市 1449700hm^2、浙江省 7111641hm^2、福建省 6009398hm^2、广西壮族自治区 1647893hm^2。沿海各省（区、市）海岸面积统计分布见图 2-1。

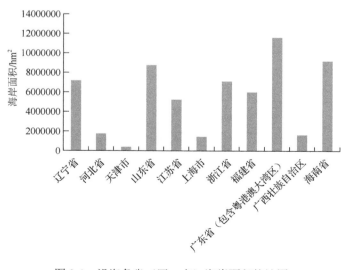

图 2-1　沿海各省（区、市）海岸面积统计图

2. 我国海岸资源使用情况

1）陆域使用现状

海岸陆域使用现状基于土地利用现状统计体系（表 2-2）进行统计。包括耕地，林地，草地，水域，城乡、工矿、居民用地和未利用土地。

表 2-2　土地利用现状类型

一级类型		二级类型		含义
编码	名称	编码	名称	
1	耕地	—	—	指种植农作物的土地，包括熟耕地、新开荒地、休闲地、轮歇地、草田轮作物地；以种植农作物为主的农果、农桑、农林用地；耕种三年以上的滩地和海涂
		11	水田	指有水源保证和灌溉设施，在一般年景能正常灌溉，用以种植水稻、莲藕等水生农作物的耕地，包括实行水稻和旱地作物轮种的耕地
		12	旱地	指无灌溉水源及设施，靠天然降水生长作物的耕地；有水源和浇灌设施，在一般年景下能正常灌溉的旱作物耕地；以种菜为主的耕地；正常轮作的休闲地和轮歇地
2	林地	—	—	指生长乔木、灌木、竹类，以及沿海红树林地等林业用地
		21	有林地	指郁闭度>30%的天然林和人工林。包括用材林、经济林、防护林等成片林地
		22	灌木林	指郁闭度>40%、高度在 2m 以下的矮林地和灌丛林地
		23	疏林地	指郁闭度为 10%～30%的林地
		24	其他林地	指未成林造林地、迹地、苗圃及各类园地（果园、桑园、茶园、热作林园等）
3	草地	—	—	指以生长草本植物为主，覆盖度在 5%以上的各类草地，包括以牧为主的灌丛草地和郁闭度在 10%以下的疏林草地
		31	高覆盖度草地	指覆盖 50%的天然草地、改良草地和割草地，此类草地一般水分条件较好，草被生长茂密
		32	中覆盖度草地	指覆盖度在 20%～50%的天然草地和改良草地，此类草地一般水分不足，草被较稀疏
		33	低覆盖度草地	指覆盖度在 5%～20%的天然草地，此类草地水分缺乏，草被稀疏，牧业利用条件差
4	水域	—	—	指天然陆地水域和水利设施用地
		41	河渠	指天然形成或人工开挖的河流及主干常年水位以下的土地。人工渠包括堤岸
		42	湖泊	指天然形成的积水区常年水位以下的土地
		43	水库坑塘	指人工修建的蓄水区常年水位以下的土地
		44	永久性冰川雪地	指常年被冰川和积雪所覆盖的土地
		45	滩涂	指沿海大潮高潮位与低潮位之间的潮浸地带
		46	滩地	指河、湖水域平水期水位与洪水期水位之间的土地

续表

一级类型		二级类型		含义
编码	名称	编码	名称	
5	城乡、工矿、居民用地	—	—	指城乡居民点及其以外的工矿、交通等用地
		51	城镇用地	指大、中、小城市及县镇以上建成区用地
		52	农村居民点	指独立于城镇以外的农村居民点
		53	其他建设用地	指厂矿、大型工业区、油田、盐场、采石场等用地以及交通道路、机场及特殊用地
6	未利用土地	—	—	目前还未利用的土地,包括难利用的土地
		61	沙地	指地表为沙覆盖,植被覆盖度在 5%以下的土地,包括沙漠,不包括水系中的沙漠
		62	戈壁	指地表以碎砾石为主,植被覆盖度在 5%以下的土地
		63	盐碱地	指地表盐碱聚集,植被稀少,只能生长强耐盐碱植物的土地
		64	沼泽地	指地势平坦低洼,排水不畅,长期潮湿,季节性积水或常年积水,表层生长湿生植物的土地
		65	裸土地	指地表土质覆盖,植被覆盖度在 5%以下的土地
		66	裸岩石质地	指地表为岩石或石砾,其覆盖面积>5%的土地
		67	其他	指其他未利用土地,包括高寒荒漠、苔原等

通过提取海岸陆域遥感影像,得出我国海岸范围内陆域使用面积27100171hm²。其中,耕地使用面积 10979844hm²,林地使用面积 8484221hm²,草地使用面积 1200568hm²,水域使用面积 2756046hm²,城乡、工矿、居民用地使用面积 3437324hm²,未利用土地使用面积 242168hm²。我国海岸耕地使用面积最高,占土地用类型总面积的 36.69%,占海岸总面积的 18.17%,主要集中分布在黄海、渤海陆域一带。其次是林地,占土地利用类型总面积的 28.35%,占海岸总面积的 14.04%,主要分布在东海、南海陆域一带。同时,我国海岸陆域开发强度较高,城乡、工矿、居民用地占土地利用类型总面积的 11.49%,占海岸总面积的 5.69%。全国各用地类型使用现状统计图如图 2-2 所示。

沿海各省(区、市)陆域使用面积最大的为广东省(包含粤港澳大湾区),达 5030562hm²。山东省位居第二,陆域使用面积为4429456hm²。随后依次为海南省、辽宁省、浙江省、江苏省、福建省、河北省、广西壮族自治区、上海市、天津市,陆域使用面积分别为 3589027hm²、3170820hm²、2765491hm²、2561807hm²、2519939hm²、1121299hm²、976919hm²、686741hm²、248110hm²,如表 2-3 和图 2-3 所示。

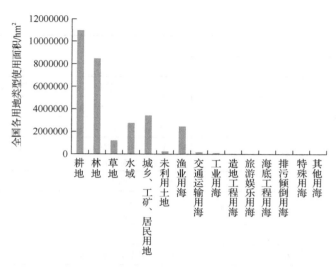

图 2-2　全国各用地类型使用面积统计图

表 2-3　沿海各省（区、市）陆域使用面积统计表

省（区、市）	陆域使用面积/hm²
辽宁省	3170820
河北省	1121299
天津市	248110
山东省	4429456
江苏省	2561807
上海市	686741
浙江省	2765491
福建省	2519939
广东省（包含粤港澳大湾区）	5030562
广西壮族自治区	976919
海南省	3589027
合计	27100171

2）海域使用现状

海域使用分类体系有两种分类方式，一种是以用海类型分类，另一种是以用海方式分类。用海类型分类包括渔业用海、工业用海、交通运输用海、旅游娱乐用海、海底工程用海、排污倾倒用海、造地工程用海、特殊用海、其他用海，如表 2-4 所示。用海方式分类包括填海造地、构筑物、围海、开放式、其他方式，如表 2-5 所示。

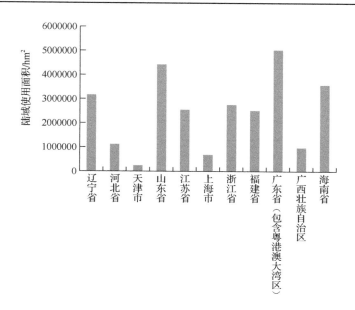

图 2-3　沿海各省（区、市）陆域使用面积统计图

表 2-4　海域使用类型

一级类型		二级类型	
编码	名称	编码	名称
1	渔业用海	11	渔业基础设施用海
		12	围海养殖用海
		13	开放式养殖用海
		14	人工鱼礁用海
2	工业用海	21	盐业用海
		22	固体矿产开采用海
		23	油气开采用海
		24	船舶工业用海
		25	电力工业用海
		26	海水综合利用用海
		27	其他工业用海
3	交通运输用海	31	港口用海
		32	航道用海
		33	锚地用海
		34	路桥用海

续表

一级类型		二级类型	
编码	名称	编码	名称
4	旅游娱乐用海	41	旅游基础设施用海
		42	浴场用海
		43	游乐场用海
5	海底工程用海	51	电缆管道用海
		52	海底隧道用海
		53	海底场馆用海
6	排污倾倒用海	61	污水达标排放用海
		62	倾倒区用海
7	造地工程用海	71	城镇建设填海造地用海
		72	农业填海造地用海
		73	废弃物处置填海造地用海
8	特殊用海	81	科研教学用海
		82	军事用海
		83	海洋保护区用海
		84	海岸防护工程用海
9	其他用海		

表2-5　用海方式类型

一级方式		二级方式	
编码	名称	编码	名称
1	填海造地	11	建设填海造地
		12	农业填海造地
		13	废弃物处置填海造地
2	构筑物	21	非透水构筑物
		22	跨海桥梁、海底隧道等
		23	透水构筑物
3	围海	31	港池、蓄水等
		32	盐业
		33	围海养殖
4	开放式	41	开放式养殖
		42	浴场
		43	游乐场
		44	专用航道、锚地及其他开放式

续表

一级方式		二级方式	
编码	名称	编码	名称
5	其他方式	51	人工岛式油气开采
		52	平台式油气开采
		53	海底电缆管道
		54	海砂等矿产开采
		55	取水口、排水口
		56	污水达标排放
		57	倾倒

统计 2018 年全国海域使用面积结果显示，全国海域使用总面积为 2824460hm²。其中，渔业用海使用面积为 2449767hm²，交通运输用海使用面积为 166082hm²，工业用海使用面积 107559hm²，造地工程用海使用面积 43910hm²，旅游娱乐用海使用面积 20430hm²，海底工程用海使用面积 16679hm²，排污倾倒用海使用面积 2312hm²，特殊用海使用面积 12658hm²，其他用海使用面积 5063hm²。

辽宁省和山东省为用海大省，分别位居第一、第二位，两省之和占全国用海面积的近 70%，使用面积分别为 1173893hm² 和 795412hm²。江苏省位居第三，仅占辽宁省的 30%，占全国的 13%，如图 2-4、表 2-6 所示。

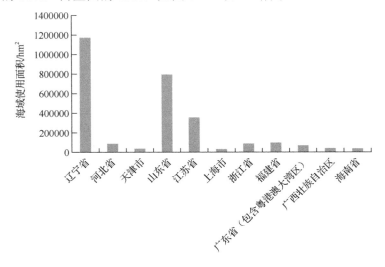

图 2-4　全国海域使用面积分布图

表2-6　沿海各省（区、市）海域使用面积统计表

省（区、市）	海域使用面积/hm²
辽宁省	1173893
河北省	88389
天津市	36828
山东省	795412
江苏省	357254
上海市	32410
浙江省	89264
福建省	99578
广东省（包含粤港澳大湾区）	70176
广西壮族自治区	42412
海南省	38844
合计	2824460

2.1.3　海岸利用现状评价

1. 海岸利用结构分析

全国海岸使用总面积为29924631hm²，其中，陆域使用面积27100171hm²，海域使用面积2824460hm²。陆域使用类型包括耕地，林地，草地，水域，城乡、工矿、居民用地和未利用土地。耕地使用面积10979844hm²，占比为36.69%；林地使用面积8484221hm²，占比为28.35%；草地使用面积1200568hm²，占比为4.01%；水域使用面积2756046hm²，占比9.21%；城乡、工矿、居民用地使用面积3437324hm²，占比11.49%；未利用土地使用面积242168hm²，占比0.81%。海域使用类型包括渔业用海、交通运输用海、工业用海、造地工程用海、旅游娱乐用海、海底工程用海、排污倾倒用海、特殊用海和其他用海。渔业用海使用面积2449767hm²，占比为8.19%；交通运输用海使用面积166082hm²，占比为0.56%；工业用海使用面积107559hm²，占比为0.36%；造地工程用海使用面积43910hm²，占比为0.15%；旅游娱乐用海使用面积20430hm²，占比为0.07%；海底工程用海使用面积16679hm²，占比为0.06%；排污倾倒用海使用面积2312hm²，占比为0.01%；特殊用海使用面积12658hm²，占比为0.04%；其他用海使用面积5063hm²，占比为0.02%，如图2-5、表2-7所示。

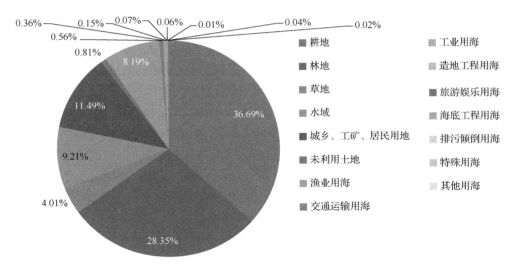

图 2-5　全国海岸使用面积结构图（扫封底二维码查看彩图）

表 2-7　全国海岸使用面积统计表

区域	用地/用海类型	面积/hm²	结构占比/%
陆域	耕地	10979844	36.69
	林地	8484221	28.35
	草地	1200568	4.01
	水域	2756046	9.21
	城乡、工矿、居民用地	3437324	11.49
	未利用土地	242168	0.81
	小计	27100171	90.56
海域	渔业用海	2449767	8.19
	交通运输用海	166082	0.56
	工业用海	107559	0.36
	造地工程用海	43910	0.15
	旅游娱乐用海	20430	0.07
	海底工程用海	16679	0.06
	排污倾倒用海	2312	0.01
	特殊用海	12658	0.04
	其他用海	5063	0.02
	小计	2824460	9.44
合计		29924631	—

1）辽宁省

辽宁省海岸使用总面积为 4344713hm^2，其中，陆域使用面积 3170820hm^2，海域使用面积 1173893hm^2。陆域使用类型包括耕地，林地，草地，水域，城乡、工矿、居民用地和未利用土地。耕地使用面积 1371723hm^2，占比为 31.572%；林地使用面积 1009627hm^2，占比为 23.238%；草地使用面积 51784hm^2，占比为 1.192%；水域使用面积 263851hm^2，占比 6.073%；城乡、工矿、居民用地使用面积 409398hm^2，占比 9.423%；未利用土地使用面积 64437hm^2，占比 1.483%。海域使用类型包括渔业用海、交通运输用海、工业用海、造地工程用海、旅游娱乐用海、海底工程用海、排污倾倒用海、特殊用海和其他用海。渔业用海使用面积 1126487hm^2，占比为 25.928%；交通运输用海使用面积 23742hm^2，占比为 0.546%；工业用海使用面积 15229hm^2，占比为 0.351%；造地工程用海使用面积 3078hm^2，占比为 0.071%；旅游娱乐用海使用面积 3772hm^2，占比为 0.087%；海底工程用海使用面积 63hm^2，占比为 0.001%；排污倾倒用海使用面积 108hm^2，占比为 0.002%；特殊用海使用面积 965hm^2，占比为 0.022%；其他用海使用面积 449hm^2，占比为 0.010%，如图 2-6、表 2-8 所示。

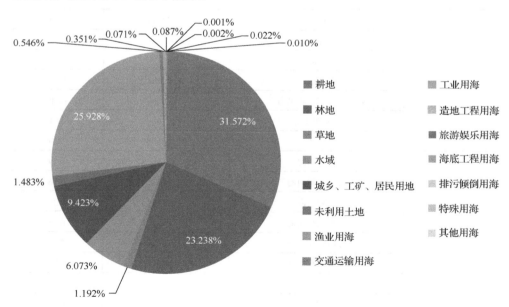

图 2-6　辽宁省海岸使用面积结构图（扫封底二维码查看彩图）

2）河北省

河北省海岸使用总面积为 1209688hm^2，其中，陆域使用面积 1121299hm^2，海域使用面积 88389hm^2。陆域使用类型包括耕地，林地，草地，水域，城乡、工矿、居民用地和未利用土地。耕地使用面积 634336hm²，占比为 52.44%；林地使用面积 73147hm²，占比为 6.05%；草地使用面积 29013hm²，占比为 2.40%；水域使用面积 179530hm²，占比 14.84%；城乡、工矿、居民用地使用面积 191916hm²，占比 15.86%；未利用土地使用面积 13357hm²，占比 1.10%。海域使用类型包括渔业用海、交通运输用海、工业用海、造地工程用海、旅游娱乐用海、海底工程用海和特殊用海。渔业用海使用面积 62613hm²，占比为 5.18%；交通运输用海使用面积 13010hm²，占比为 1.08%；工业用海使用面积 8944hm²，占比为 0.74%；造地工程用海使用面积 2276hm²，占比为 0.19%；旅游娱乐用海使用面积 1487hm²，占比为 0.12%；海底工程用海使用面积 2hm²，占比为 0.0002%；特殊用海使用面积 57hm²，占比为 0.005%，如图 2-7、表 2-9 所示。

表 2-8 辽宁省海岸使用面积统计表

区域	用地/用海类型	面积/hm²	结构占比/%
陆域	耕地	1371723	31.572
	林地	1009627	23.238
	草地	51784	1.192
	水域	263851	6.073
	城乡、工矿、居民用地	409398	9.423
	未利用土地	64437	1.483
	小计	3170820	72.981
海域	渔业用海	1126487	25.928
	交通运输用海	23742	0.546
	工业用海	15229	0.351
	造地工程用海	3078	0.071
	旅游娱乐用海	3772	0.087
	海底工程用海	63	0.001
	排污倾倒用海	108	0.002
	特殊用海	965	0.022
	其他用海	449	0.010
	小计	1173893	27.019
合计		4344713	—

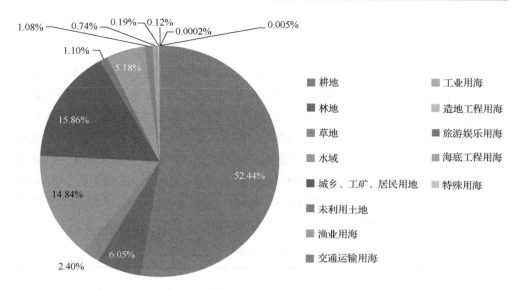

图 2-7　河北省海岸使用面积结构图（扫封底二维码查看彩图）

表 2-9　河北省海岸使用面积统计表

区域	用地/用海类型	面积/hm²	结构占比/%
陆域	耕地	634336	52.44
	林地	73147	6.05
	草地	29013	2.40
	水域	179530	14.84
	城乡、工矿、居民用地	191916	15.86
	未利用土地	13357	1.10
	小计	1121299	92.69
海域	渔业用海	62613	5.18
	交通运输用海	13010	1.08
	工业用海	8944	0.74
	造地工程用海	2276	0.19
	旅游娱乐用海	1487	0.12
	海底工程用海	2	0.0002
	特殊用海	57	0.005
	小计	88389	7.31
合计		1209688	—

注：由于修约，表中小计与其上面数据的加和不一致，余同。

3）天津市

天津市海岸使用总面积为 284938hm²，其中，陆域使用面积 248110hm²，海域使用面积 36828hm²。陆域使用类型包括耕地，林地，草地，水域，城乡、工矿、居民用地和未利用土地。耕地使用面积 42597hm²，占比为 14.95%；林地使用面积 2557hm²，占比 0.90%；草地使用面积 9676hm²，占比为 3.40%；水域使用面积 90720hm²，占比 31.84%；城乡、工矿、居民用地使用面积 78989hm²，占比 27.72%；未利用土地使用面积 23571hm²，占比 8.27%。海域使用类型包括渔业用海、交通运输用海、工业用海、造地工程用海、旅游娱乐用海、海底工程用海、排污倾倒用海、特殊用海和其他用海。渔业用海使用面积 3739hm²，占比为 1.31%；交通运输用海使用面积 23803hm²，占比为 8.35%；工业用海使用面积 4993hm²，占比为 1.75%；造地工程用海使用面积 4047hm²，占比为 1.42%；旅游娱乐用海使用面积 67hm²，占比为 0.02%；海底工程用海使用面积 2hm²，占比为 0.001%；排污倾倒用海使用面积 88hm²，占比为 0.03%；特殊用海使用面积 1hm²，占比为 0.0004%；其他用海使用面积 88hm²，占比为 0.03%，如图 2-8、表 2-10 所示。

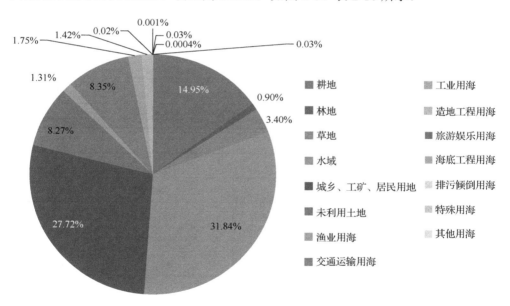

图 2-8　天津市海岸使用面积结构图（扫封底二维码查看彩图）

4）山东省

山东省海岸使用总面积为 5224868hm²，其中，陆域使用面积 4429456hm²，海域使用面积 795412hm²。陆域使用类型包括耕地，林地，草地，水域，城乡、工矿、居民用地和未利用土地。耕地使用面积 2512027hm²，占比为 48.08%；林地使用面积 308318hm²，占比为 5.90%；草地使用面积 273011hm²，占比为 5.23%；

水域使用面积 586831hm²，占比 11.23%；城乡、工矿、居民用地使用面积
678815hm²，占比 12.99%；未利用土地使用面积 70454hm²，占比 1.35%。海域使
用类型包括渔业用海、交通运输用海、工业用海、造地工程用海、旅游娱乐用海、
海底工程用海、排污倾倒用海、特殊用海和其他用海。渔业用海使用面积
742238hm²，占比为 14.21%；交通运输用海使用面积 15643hm²，占比为 0.30%；
工业用海使用面积 19765hm²，占比为 0.38%；造地工程用海使用面积 2858hm²，
占比为 0.05%；旅游娱乐用海使用面积 5207hm²，占比为 0.10%；海底工程用海使
用面积 1397hm²，占比为 0.03%；排污倾倒用海使用面积 1219hm²，占比为 0.02%；
特殊用海使用面积 6027hm²，占比为 0.12%；其他用海使用面积 1058hm²，占比为
0.02%，如图 2-9、表 2-11 所示。

表 2-10　天津市海岸使用面积统计表

区域	用地/用海类型	面积/hm²	结构占比/%
陆域	耕地	42597	14.95
	林地	2557	0.90
	草地	9676	3.40
	水域	90720	31.84
	城乡、工矿、居民用地	78989	27.72
	未利用土地	23571	8.27
	小计	248110	87.08
海域	渔业用海	3739	1.31
	交通运输用海	23803	8.35
	工业用海	4993	1.75
	造地工程用海	4047	1.42
	旅游娱乐用海	67	0.02
	海底工程用海	2	0.001
	排污倾倒用海	88	0.03
	特殊用海	1	0.0004
	其他用海	88	0.03
	小计	36828	12.92
合计		284938	—

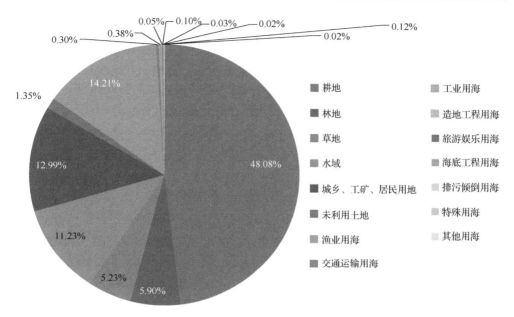

图 2-9　山东省海岸使用面积结构图（扫封底二维码查看彩图）

表 2-11　山东省海岸使用面积统计表

区域	用地/用海类型	面积/hm²	结构占比/%
陆域	耕地	2512027	48.08
	林地	308318	5.90
	草地	273011	5.23
	水域	586831	11.23
	城乡、工矿、居民用地	678815	12.99
	未利用土地	70454	1.35
	小计	4429456	84.78
海域	渔业用海	742238	14.21
	交通运输用海	15643	0.30
	工业用海	19765	0.38
	造地工程用海	2858	0.05
	旅游娱乐用海	5207	0.10
	海底工程用海	1397	0.03
	排污倾倒用海	1219	0.02
	特殊用海	6027	0.12
	其他用海	1058	0.02
	小计	795412	15.22
合计		5224868	—

5）江苏省

江苏省海岸使用总面积为 2919061hm²，其中，陆域使用面积 2561807hm²，海域使用面积 357254hm²。陆域使用类型包括耕地，林地，草地，水域，城乡、工矿、居民用地和未利用土地。耕地使用面积 1767548hm²，占比为 60.55%；林地使用面积 18627hm²，占比为 0.64%；草地使用面积 68171hm²，占比为 2.34%；水域使用面积 390844hm²，占比 13.39%；城乡、工矿、居民用地使用面积 315485hm²，占比 10.81%；未利用土地使用面积 1132hm²，占比 0.04%。海域使用类型包括渔业用海、交通运输用海、工业用海、造地工程用海、旅游娱乐用海、海底工程用海、排污倾倒用海、特殊用海和其他用海。渔业用海使用面积 329857hm²，占比为 11.30%；交通运输用海使用面积 8884hm²，占比为 0.30%；工业用海使用面积 8880hm²，占比为 0.30%；造地工程用海使用面积 5650hm²，占比为 0.19%；旅游娱乐用海使用面积 492hm²，占比为 0.02%；海底工程用海使用面积 1571hm²，占比为 0.05%；排污倾倒用海使用面积 296hm²，占比为 0.01%；特殊用海使用面积 1349hm²，占比为 0.05%；其他用海使用面积 275hm²，占比为 0.01%，如图 2-10、表 2-12 所示。

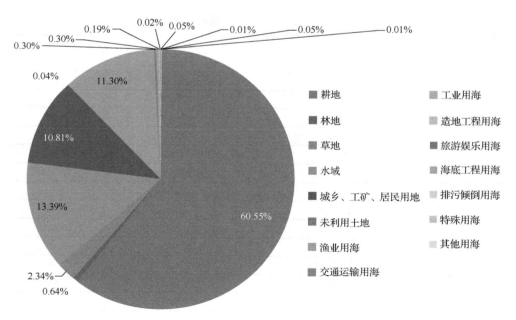

图 2-10　江苏省海岸使用面积结构图（扫封底二维码查看彩图）

表 2-12　江苏省海岸使用面积统计表

区域	用地/用海类型	面积/hm²	结构占比/%
陆域	耕地	1767548	60.55
	林地	18627	0.64
	草地	68171	2.34
	水域	390844	13.39
	城乡、工矿、居民用地	315485	10.81
	未利用土地	1132	0.04
	小计	2561807	87.76
海域	渔业用海	329857	11.30
	交通运输用海	8884	0.30
	工业用海	8880	0.30
	造地工程用海	5650	0.19
	旅游娱乐用海	492	0.02
	海底工程用海	1571	0.05
	排污倾倒用海	296	0.01
	特殊用海	1349	0.05
	其他用海	275	0.01
	小计	357254	12.24
合计		2919061	—

6）上海市

上海市海岸使用总面积为 719151hm²，其中，陆域使用面积 686741hm²，海域使用面积 32410hm²。陆域使用类型包括耕地，林地，草地，水域，城乡、工矿、居民用地和未利用土地。耕地使用面积 263520hm²，占比为 36.64%；林地使用面积 6016hm²，占比为 0.84%；草地使用面积 9116hm²，占比为 1.27%；水域使用面积 223489hm²，占比 31.08%；城乡、工矿、居民用地使用面积 142992hm²，占比 19.88%；未利用土地使用面积 41608hm²，占比 5.79%。海域使用类型包括渔业用海、交通运输用海、工业用海、造地工程用海、旅游娱乐用海、海底工程用海、排污倾倒用海、特殊用海和其他用海。渔业用海使用面积 8593hm²，占比为 1.19%；交通运输用海使用面积 17020hm²，占比为 2.37%；工业用海使用面积 2234hm²，占比为 0.31%；造地工程用海使用面积 168hm²，占比为 0.02%；旅游娱乐用海使用面积 160hm²，占比为 0.02%；海底工程用海使用面积 4092hm²，占比为 0.57%；排污倾倒用海使用面积 27hm²，占比为 0.004%；特殊用海使用面积 63hm²，占比为 0.01%；其他用海使用面积 53hm²，占比为 0.01%，如图 2-11、表 2-13 所示。

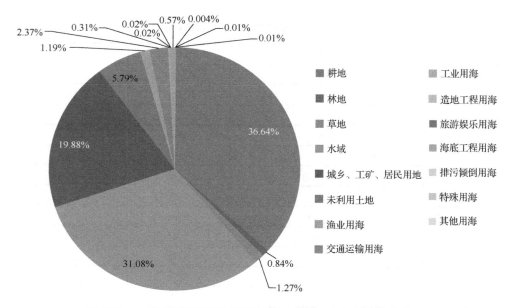

图 2-11 上海市海岸使用面积结构图（扫封底二维码查看彩图）

表 2-13 上海市海岸使用面积统计表

区域	用地/用海类型	面积/hm²	结构占比/%
陆域	耕地	263520	36.64
	林地	6016	0.84
	草地	9116	1.27
	水域	223489	31.08
	城乡、工矿、居民用地	142992	19.88
	未利用土地	41608	5.79
	小计	686741	95.49
海域	渔业用海	8593	1.19
	交通运输用海	17020	2.37
	工业用海	2234	0.31
	造地工程用海	168	0.02
	旅游娱乐用海	160	0.02
	海底工程用海	4092	0.57
	排污倾倒用海	27	0.004
	特殊用海	63	0.01
	其他用海	53	0.01
	小计	32410	4.51
合计		719151	—

7）浙江省

浙江省海岸使用总面积为 2854755hm^2，其中，陆域使用面积 2765491hm^2，海域使用面积 89264hm^2。陆域使用类型包括耕地，林地，草地，水域，城乡、工矿、居民用地和未利用土地。耕地使用面积 903584hm^2，占比为 31.65%；林地使用面积 1174180hm^2，占比为 41.13%；草地使用面积 73976hm^2，占比为 2.59%；水域使用面积 190556hm^2，占比 6.68%；城乡、工矿、居民用地使用面积 422623hm^2，占比 14.80%；未利用土地使用面积 572hm^2，占比 0.02%。海域使用类型包括渔业用海、交通运输用海、工业用海、造地工程用海、旅游娱乐用海、海底工程用海、排污倾倒用海、特殊用海和其他用海。渔业用海使用面积 36379hm^2，占比为 1.27%；交通运输用海使用面积 27171hm^2，占比为 0.95%；工业用海使用面积 15914hm^2，占比为 0.56%；造地工程用海使用面积 5951hm^2，占比为 0.21%；旅游娱乐用海使用面积 479hm^2，占比为 0.02%；海底工程用海使用面积 479hm^2，占比为 0.02%；排污倾倒用海使用面积 57hm^2，占比为 0.002%；特殊用海使用面积 1937hm^2，占比为 0.07%；其他用海使用面积 897hm^2，占比为 0.03%，如图 2-12、表 2-14 所示。

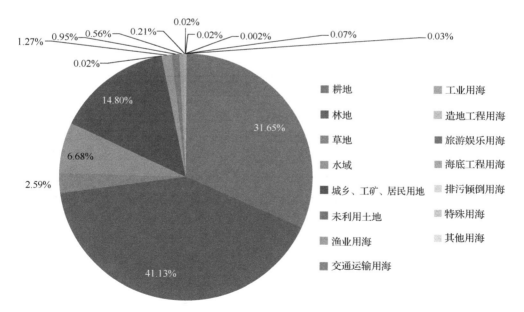

图 2-12　浙江省海岸使用面积结构图（扫封底二维码查看彩图）

表 2-14　浙江省海岸使用面积统计表

区域	用地/用海类型	面积/hm²	结构比例/%
陆域	耕地	903584	31.65
	林地	1174180	41.13
	草地	73976	2.59
	水域	190556	6.68
	城乡、工矿、居民用地	422623	14.80
	未利用土地	572	0.02
	小计	2765491	96.87
海域	渔业用海	36379	1.27
	交通运输用海	27171	0.95
	工业用海	15914	0.56
	造地工程用海	5951	0.21
	旅游娱乐用海	479	0.02
	海底工程用海	479	0.02
	排污倾倒用海	57	0.002
	特殊用海	1937	0.07
	其他用海	897	0.03
	小计	89264	3.13
合计		2854755	—

8）福建省

福建省海岸使用总面积为 2619517hm²，其中，陆域使用面积 2519939hm²，海域使用面积 99578hm²。陆域使用类型包括耕地，林地，草地，水域，城乡、工矿、居民用地和未利用土地。耕地使用面积 596223hm²，占比为 22.76%；林地使用面积 1128854hm²，占比为 43.09%；草地使用面积 351235hm²，占比为 13.41%；水域使用面积 143569hm²，占比 5.48%；城乡、工矿、居民用地使用面积 296588hm²，占比 11.32%；未利用土地使用面积 3470hm²，占比 0.13%。海域使用类型包括渔业用海、交通运输用海、工业用海、造地工程用海、旅游娱乐用海、海底工程用海、排污倾倒用海、特殊用海和其他用海。渔业用海使用面积 51139hm²，占比为 1.95%；交通运输用海使用面积 16920hm²，占比为 0.65%；工业用海使用面积 14440hm²，占比为 0.55%；造地工程用海使用面积 12737hm²，占比为 0.49%；旅游娱乐用海使用面积 644hm²，占比为 0.02%；海底工程用海使用面积 1877hm²，占比为 0.07%；排污倾倒用海使用面积 122hm²，占比为 0.005%；特殊用海使用面积 207hm²，占比为 0.01%；其他用海使用面积 1492hm²，占比为 0.06%，如图 2-13、表 2-15 所示。

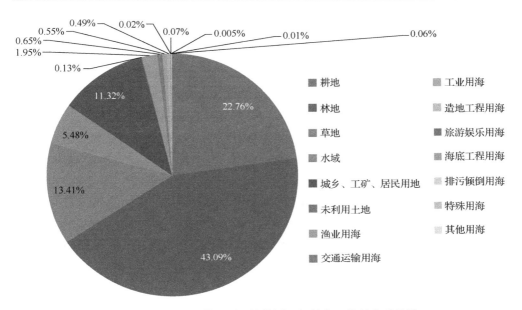

图 2-13　福建省海岸使用面积结构图（扫封底二维码查看彩图）

表 2-15　福建省海岸使用面积统计表

区域	用地/用海类型	面积/hm²	结构占比/%
陆域	耕地	596223	22.76
	林地	1128854	43.09
	草地	351235	13.41
	水域	143569	5.48
	城乡、工矿、居民用地	296588	11.32
	未利用土地	3470	0.13
	小计	2519939	96.20
海域	渔业用海	51139	1.95
	交通运输用海	16920	0.65
	工业用海	14440	0.55
	造地工程用海	12737	0.49
	旅游娱乐用海	644	0.02
	海底工程用海	1877	0.07
	排污倾倒用海	122	0.005
	特殊用海	207	0.01
	其他用海	1492	0.06
	小计	99578	3.80
合计		2619517	—

9）广东省（包含粤港澳大湾区）

广东省海岸使用总面积为 5100738hm²，其中，陆域使用面积 5030562hm²，海域使用面积 70176hm²。陆域使用类型包括耕地，林地，草地，水域，城乡、工矿、居民用地和未利用土地。耕地使用面积 1688849hm²，占比为 33.11%；林地使用面积 1995459hm²，占比为 39.12%；草地使用面积 190562hm²，占比为 3.74%；水域使用面积 460586hm²，占比 9.03%；城乡、工矿、居民用地使用面积 682797hm²，占比 13.39%；未利用土地使用面积 12309hm²，占比 0.24%。海域使用类型包括渔业用海、交通运输用海、工业用海、造地工程用海、旅游娱乐用海、海底工程用海、排污倾倒用海、特殊用海和其他用海。渔业用海使用面积 30400hm²，占比为 0.60%；交通运输用海使用面积 12258hm²，占比为 0.24%；工业用海使用面积 9286hm²，占比为 0.18%；造地工程用海使用面积 5322hm²，占比为 0.10%；旅游娱乐用海使用面积 3395hm²，占比为 0.07%；海底工程用海使用面积 7139hm²，占比 0.14%；排污倾倒用海使用面积 364hm²，占比为 0.01%；特殊用海使用面积 1870hm²，占比为 0.04%；其他用海使用面积 142hm²，占比为 0.003%，如图 2-14、表 2-16 所示。

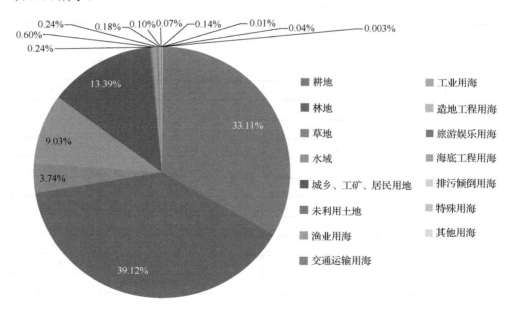

图 2-14　广东省（包含粤港澳大湾区）海岸使用面积结构图

（扫封底二维码查看彩图）

表 2-16　广东省（包含粤港澳大湾区）海岸使用面积统计表

区域	用地/用海类型	面积/hm²	结构占比/%
陆域	耕地	1688849	33.11
	林地	1995459	39.12
	草地	190562	3.74
	水域	460586	9.03
	城乡、工矿、居民用地	682797	13.39
	未利用土地	12309	0.24
	小计	5030562	98.62
海域	渔业用海	30400	0.60
	交通运输用海	12258	0.24
	工业用海	9286	0.18
	造地工程用海	5322	0.10
	旅游娱乐用海	3395	0.07
	海底工程用海	7139	0.14
	排污倾倒用海	364	0.01
	特殊用海	1870	0.04
	其他用海	142	0.003
	小计	70176	1.38
合计		5100738	—

10）广西壮族自治区

广西壮族自治区海岸使用总面积为 1019331hm²，其中，陆域使用面积 976919hm²，海域使用面积 42412hm²。陆域使用类型包括耕地，林地，草地，水域、城乡、工矿、居民用地和未利用土地。耕地使用面积 307641hm²，占比为 30.18%；林地使用面积 474646hm²，占比为 46.56%；草地使用面积 31824hm²，占比为 3.12%；水域使用面积 79621hm²，占比 7.81%；城乡、工矿、居民用地使用面积 81473hm²，占比 7.99%；未利用土地使用面积 1714hm²，占比 0.17%。海域使用类型包括渔业用海、交通运输用海、工业用海、造地工程用海、旅游娱乐用海、海底工程用海、排污倾倒用海、特殊用海和其他用海。渔业用海使用面积 30538hm²，占比为 3.00%；交通运输用海使用面积 3694hm²，占比为 0.36%；工业用海使用面积 5699hm²，占比为 0.56%；造地工程用海使用面积 1089hm²，占比为 0.11%；旅游娱乐用海使用面积 646hm²，占比为 0.06%；海底工程用海使用面积 49hm²，占比为 0.005%；排污倾倒用海使用面积 2hm²，占比为 0.0002%；特殊用海使用面积 93hm²，占比为 0.01%；其他用海使用面积 602hm²，占比为 0.06%，如图 2-15、表 2-17 所示。

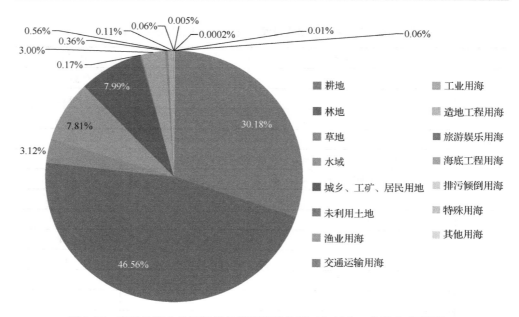

图 2-15　广西壮族自治区海岸使用面积结构图（扫封底二维码查看彩图）

表 2-17　广西壮族自治区海岸使用面积统计表

区域	用地/用海类型	面积/hm²	结构占比/%
陆域	耕地	307641	30.18
	林地	474646	46.56
	草地	31824	3.12
	水域	79621	7.81
	城乡、工矿、居民用地	81473	7.99
	未利用土地	1714	0.17
	小计	976919	95.84
海域	渔业用海	30538	3.00
	交通运输用海	3694	0.36
	工业用海	5699	0.56
	造地工程用海	1089	0.11
	旅游娱乐用海	646	0.06
	海底工程用海	49	0.005
	排污倾倒用海	2	0.0002
	特殊用海	93	0.01
	其他用海	602	0.06
	小计	42412	4.16
合计		1019331	—

11）海南省

海南省海岸使用总面积为 3627871hm^2，其中，陆域使用面积 3589027hm^2，海域使用面积 38844hm^2。陆域使用类型包括耕地，林地，草地，水域，城乡、工矿、居民用地和未利用土地。耕地使用面积 891796hm^2，占比为 24.58%；林地使用面积 2292790hm^2，占比为 63.20%；草地使用面积 112200hm^2，占比为 3.09%；水域使用面积 146449hm^2，占比 4.04%；城乡、工矿、居民用地使用面积 136248hm^2，占比 3.76%；未利用土地使用面积 9544hm^2，占比 0.26%。海域使用类型包括渔业用海、交通运输用海、工业用海、造地工程用海、旅游娱乐用海、海底工程用海、排污倾倒用海、特殊用海和其他用海。渔业用海使用面积 27784hm^2，占比为 0.77%；交通运输用海使用面积 3937hm^2，占比为 0.11%；工业用海使用面积 2175hm^2，占比为 0.06%；造地工程用海使用面积 734hm^2，占比为 0.02%；旅游娱乐用海使用面积 4081hm^2，占比为 0.11%；海底工程用海使用面积 8hm^2，占比为 0.0002%；排污倾倒用海使用面积 29hm^2，占比为 0.001%；特殊用海使用面积 89hm^2，占比为 0.002%；其他用海使用面积 7hm^2，占比为 0.0002%，如图 2-16、表 2-18 所示。

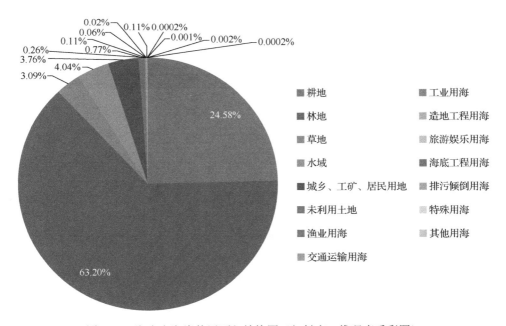

图 2-16   海南省海岸使用面积结构图（扫封底二维码查看彩图）

表 2-18　海南省海岸使用面积统计表

区域	用地/用海类型	面积/hm²	结构占比/%
陆域	耕地	891796	24.58
	林地	2292790	63.20
	草地	112200	3.09
	水域	146449	4.04
	城乡、工矿、居民用地	136248	3.76
	未利用土地	9544	0.26
	小计	3589027	98.93
海域	渔业用海	27784	0.77
	交通运输用海	3937	0.11
	工业用海	2175	0.06
	造地工程用海	734	0.02
	旅游娱乐用海	4081	0.11
	海底工程用海	8	0.0002
	排污倾倒用海	29	0.001
	特殊用海	89	0.002
	其他用海	7	0.0002
	小计	38844	1.07
合计		3627871	—

2. 海岸景观现状分析

1）斑块所占景观面积的比例（P）

$$P_i = \frac{\sum_{j=1}^{n} a_{ij}}{A} \times 100\% \tag{2-1}$$

式中，P_i 为斑块所占景观面积的比例；a_{ij} 为某一斑块类型斑块的面积，单位为 hm²；A 为所有景观的总面积，单位为 hm²。

P_i 度量的是景观的组分，它计算的是某一斑块类型占整个景观的面积的相对比例，是帮助确定景观中优势景观元素的依据之一。其值趋于 0 时，说明景观中此斑块类型变得十分稀少；其值等于 100 时，说明整个景观只由一类斑块组成。

由式（2-1）分别分析全国和 11 个沿海省（区、市）管理海岸 P_i 值，从而深入剖析各地区发展的联系与不同。

（1）全国。

如图 2-17、表 2-19 所示，我国管理海岸总体上陆域景观优势度高于海域景观。优势最为明显的景观类型为耕地，P_i 值达到了 36.69%。其次为林地，较其余的景观类型优势也比较明显，P_i 值为 28.35%。同时值得关注的是城乡、工矿、居民用地，其 P_i 值也达到 11.49%。水域景观这里是指除海域以外的全部水域景观，P_i 值接近 10%，为 9.21%。而海域部分，渔业用海的景观优势度明显高于其他海域景观类型，P_i 值为 8.19%。其余海域景观类型 P_i 值均不足 1%。

因此，可以分析得出，我国管理海岸主要地形特征以山地和丘陵为主，近岸陆域主要人类经济活动为农业生产、城镇建设、工业生产和交通运输服务活动。而用海规模较大的主要是渔业生产活动。

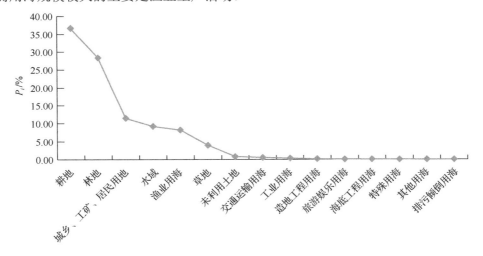

图 2-17　全国管理海岸 P_i 值分布图

表 2-19　全国管理海岸 P_i 值统计表

用地/用海类型	面积/hm²	P_i/%
耕地	10979844	36.69
林地	8484221	28.35
草地	1200568	4.01
水域	2756046	9.21
城乡、工矿、居民用地	3437324	11.49
未利用土地	242168	0.81
渔业用海	2449767	8.19
交通运输用海	166082	0.56
工业用海	107559	0.36

用地/用海类型	面积/hm²	P_i/%
造地工程用海	43910	0.15
旅游娱乐用海	20430	0.07
海底工程用海	16679	0.06
排污倾倒用海	2312	0.01
特殊用海	12658	0.04
其他用海	5063	0.02
总计	29924631	—

接下来，将进一步分析我国不同地区管理海岸景观现状发展特征。

（2）辽宁省。

由图 2-18、表 2-20 可以明显看出，辽宁省与全国管理海岸明显不同的特征是渔业用海景观优势度凸显，仅低于耕地 P_i 值（31.57%）。渔业用海 P_i 值为 25.93%。其余景观 P_i 值趋势基本与全国管理海岸分布特征相同。结合全国来看，辽宁省渔业用海占全国的 46%。

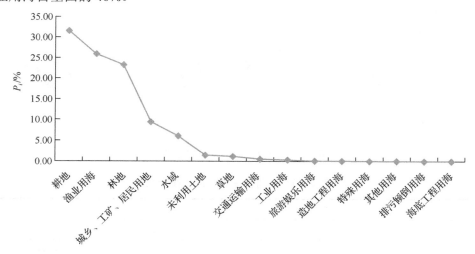

图 2-18　辽宁省管理海岸 P_i 值分布图

表 2-20　辽宁省管理海岸 P_i 值统计表

用地/用海类型	面积/hm²	P_i/%
耕地	1371723	31.57
林地	1009627	23.24
草地	51784	1.19
水域	263851	6.07

续表

用地/用海类型	面积/hm²	P_i/%
城乡、工矿、居民用地	409398	9.42
未利用土地	64437	1.48
渔业用海	1126487	25.93
交通运输用海	23742	0.55
工业用海	15229	0.35
造地工程用海	3078	0.07
旅游娱乐用海	3772	0.09
海底工程用海	63	0.001
排污倾倒用海	108	0.002
特殊用海	965	0.02
其他用海	449	0.01
合计	4344713	—

（3）河北省。

河北省近岸陆域开发强度较高，城乡、工矿、居民用地 P_i 值为 15.86%，位居全省景观 P_i 值第二，优势明显（图 2-19、表 2-21），高于全国城乡、工矿、居民用地 P_i 值 4 个百分点。

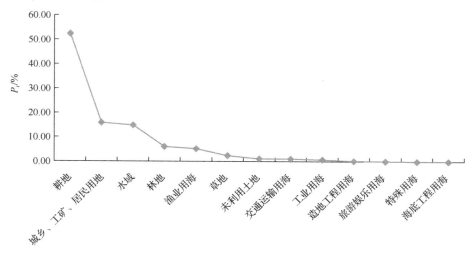

图 2-19　河北省管理海岸 P_i 值分布图

表 2-21　河北省管理海岸 P_i 值统计表

用地/用海类型	面积/hm^2	P_i/%
耕地	634336	52.44
林地	73147	6.05
草地	29013	2.40
水域	179530	14.84
城乡、工矿、居民用地	191916	15.86
未利用土地	13357	1.10
渔业用海	62613	5.18
交通运输用海	13010	1.08
工业用海	8944	0.74
造地工程用海	2276	0.19
旅游娱乐用海	1487	0.12
海底工程用海	2	0.00
特殊用海	57	0.00
合计	1209688	—

（4）天津市。

与全国管理海岸 P_i 值分布特征相比,天津市景观现状 P_i 值分布出现了较大不同（图 2-20、表 2-22）。水域和城乡、工矿、居民用地超过了耕地,P_i 值分别为 31.84% 和 27.72%,远远高于全国水平。出现这种情况的原因在于,天津市管理海岸面积在全国沿海省（区、市）中最小,且城市化程度较高。人类活动主要是城镇建设、工业生产和交通运输,从事农业活动相对较少。从用海特征也反映出这一点,交通运输用海、工业用海和造地工程用海明显高于其他用海类型,优势明显。

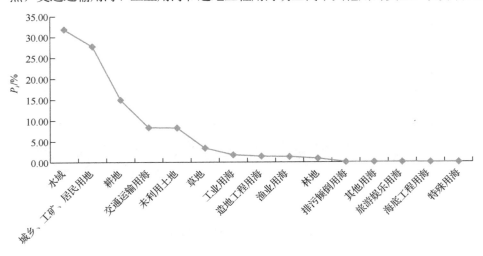

图 2-20　天津市管理海岸 P_i 值分布图

表 2-22　天津市管理海岸 P_i 值统计表

用地/用海类型	面积/ hm²	P_i/%
耕地	42597	14.95
林地	2557	0.90
草地	9676	3.40
水域	90720	31.84
城乡、工矿、居民用地	78989	27.72
未利用土地	23571	8.27
渔业用海	3739	1.31
交通运输用海	23803	8.35
工业用海	4993	1.75
造地工程用海	4047	1.42
旅游娱乐用海	67	0.02
海底工程用海	2	0.001
排污倾倒用海	88	0.03
特殊用海	1	0.0004
其他用海	88	0.03
合计	284938	—

（5）山东省。

山东省林地景观 P_i 值较全国水平有所降低，渔业用海和城乡、工矿、居民用地有所提高，P_i 值分别为 14.21% 和 12.99%。其中，城乡、工矿、居民用地 P_i 值高于全国水平近 3 个百分点，如图 2-21、表 2-23 所示。

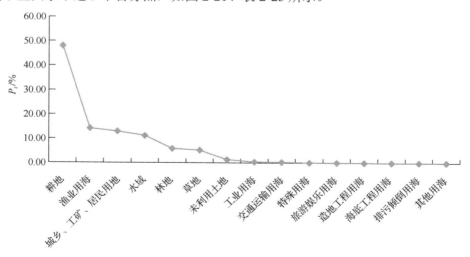

图 2-21　山东省管理海岸 P_i 值分布图

表 2-23　山东省管理海岸 P_i 值统计表

用地/用海类型	面积/hm²	P_i/%
耕地	2512027	48.08
林地	308318	5.90
草地	273011	5.23
水域	586831	11.23
城乡、工矿、居民用地	678815	12.99
未利用土地	70454	1.35
渔业用海	742238	14.21
交通运输用海	15643	0.30
工业用海	19765	0.38
造地工程用海	2858	0.05
旅游娱乐用海	5207	0.10
海底工程用海	1397	0.03
排污倾倒用海	1219	0.02
特殊用海	6027	0.12
其他用海	1058	0.02
合计	5224868	—

（6）江苏省。

江苏省管理海岸景观 P_i 值分布趋势基本与全国趋势一致，与邻近的山东省景观发展趋势非常相似。渔业用海和城乡、工矿、居民用地有所提高，P_i 值分别为 11.30% 和 10.81%（图 2-22、表 2-24）。从海域发展来看，除渔业用海外，以工业用海和交通运输用海为主。

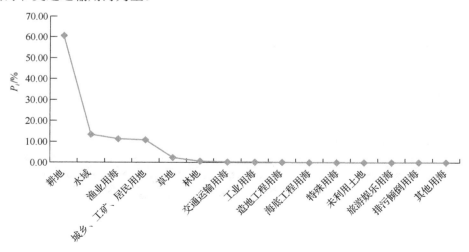

图 2-22　江苏省管理海岸 P_i 值分布图

表 2-24　江苏省管理海岸 P_i 值统计表

用地/用海类型	面积/hm²	P_i/%
耕地	1767548	60.55
林地	18627	0.64
草地	68171	2.34
水域	390844	13.39
城乡、工矿、居民用地	315485	10.81
未利用土地	1132	0.04
渔业用海	329857	11.30
交通运输用海	8884	0.30
工业用海	8880	0.30
造地工程用海	5650	0.19
旅游娱乐用海	492	0.02
海底工程用海	1571	0.05
排污倾倒用海	296	0.01
特殊用海	1349	0.05
其他用海	275	0.01
合计	2919061	—

（7）上海市。

与预想不同的是，上海耕地 P_i 值与全国管理海岸耕地 P_i 值趋势保持了一致，为上海市各类景观 P_i 值的首位（36.64%）。另外，由于上海市位于长江口，因此，水域的 P_i 值达到了 31.08%。

上海市城市发展较为发达，城市化程度较高，城乡、工矿、居民用地 P_i 值达到了 19.88%。海域景观发展主要是交通运输用海。上海市管理海岸 P_i 值分布图及统计表分别见图 2-23 和表 2-25。

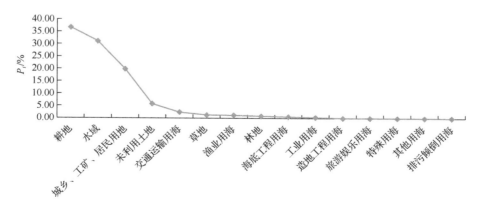

图 2-23　上海市管理海岸 P_i 值分布图

表 2-25　上海市管理海岸 P_i 值统计表

用地/用海类型	面积/hm^2	P_i/%
耕地	263520	36.64
林地	6016	0.84
草地	9116	1.27
水域	223489	31.08
城乡、工矿、居民用地	142992	19.88
未利用土地	41608	5.79
渔业用海	8593	1.19
交通运输用海	17020	2.37
工业用海	2234	0.31
造地工程用海	168	0.02
旅游娱乐用海	160	0.02
海底工程用海	4092	0.57
排污倾倒用海	27	0.004
特殊用海	63	0.01
其他用海	53	0.01
合计	719151	—

（8）浙江省。

浙江省林地景观 P_i 值较其他景观优势凸显，为 41.13%，反映了浙江省管理海岸的地形特征。同时，城乡、工矿、居民用地 P_i 值水平较高，为 14.80%。浙江省管理海岸 P_i 值分布图及统计表分别见图 2-24 和表 2-26。

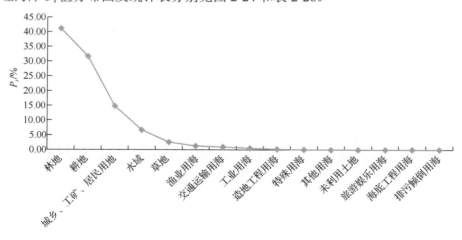

图 2-24　浙江省管理海岸 P_i 值分布图

表 2-26　浙江省管理海岸 P_i 值统计表

用地/用海类型	面积/hm²	P_i/%
耕地	903584	31.65
林地	1174180	41.13
草地	73976	2.59
水域	190556	6.68
城乡、工矿、居民用地	422623	14.80
未利用土地	572	0.02
渔业用海	36379	1.27
交通运输用海	27171	0.95
工业用海	15914	0.56
造地工程用海	5951	0.21
旅游娱乐用海	479	0.02
海底工程用海	479	0.02
排污倾倒用海	57	0.002
特殊用海	1937	0.07
其他用海	897	0.03
合计	2854755	—

（9）福建省。

福建省管理海岸地形特征与浙江省相似，林地景观 P_i 值为 43.09%。城乡、工矿、居民用地 P_i 值为 11.32%。需要指出的是，水域 P_i 值仅为 5.48%。这与其他省（区、市）差距较大，反映福建省管理海岸中淡水资源可能比较匮乏。福建省管理海岸 P_i 值分布图及统计表分别见图 2-25 和表 2-27。

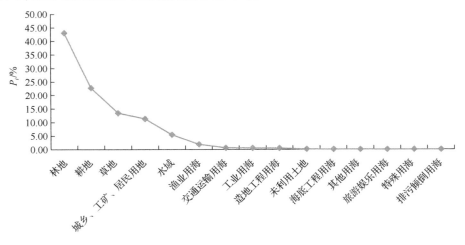

图 2-25　福建省管理海岸 P_i 值分布图

表 2-27　福建省管理海岸 P_i 值统计表

用地/用海类型	面积/hm²	P_i/%
耕地	596223	22.76
林地	1128854	43.09
草地	351235	13.41
水域	143569	5.48
城乡、工矿、居民用地	296588	11.32
未利用土地	3470	0.13
渔业用海	51139	1.95
交通运输用海	16920	0.65
工业用海	14440	0.55
造地工程用海	12737	0.49
旅游娱乐用海	644	0.02
海底工程用海	1877	0.07
排污倾倒用海	122	0.005
特殊用海	207	0.01
其他用海	1492	0.06
合计	2619517	—

（10）广东省（包含粤港澳大湾区）。

广东省（包含粤港澳大湾区）延续了相邻省域管理海岸地形特征，林地 P_i 值为 39.12%，略有下降，耕地 P_i 值为 33.11%，城乡、工矿、居民用地 P_i 值为 13.39%。广东省（包含粤港澳大湾区）管理海岸 P_i 值分布图及统计表分别见图 2-26 和表 2-28。

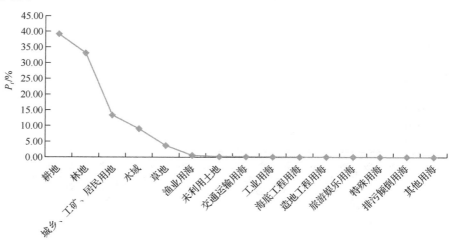

图 2-26　广东省（包含粤港澳大湾区）管理海岸 P_i 值分布图

表 2-28　广东省（包含粤港澳大湾区）管理海岸 P_i 值统计表

用地/用海类型	面积/hm²	P_i/%
耕地	1688849	33.11
林地	1995459	39.12
草地	190562	3.74
水域	460586	9.03
城乡、工矿、居民用地	682797	13.39
未利用土地	12309	0.24
渔业用海	30400	0.60
交通运输用海	12258	0.24
工业用海	9286	0.18
造地工程用海	5322	0.10
旅游娱乐用海	3395	0.07
海底工程用海	7139	0.14
排污倾倒用海	364	0.01
特殊用海	1870	0.04
其他用海	142	0.003
合计	5100738	—

（11）广西壮族自治区。

广西壮族自治区也延续了相邻省域管理海岸地形特征，林地 P_i 值为 46.56%，耕地 P_i 值为 30.18%，城乡、工矿、居民用地 P_i 值为 7.99%，较东南沿海省低，但渔业用海 P_i 值却有明显提高。广西壮族自治区管理海岸 P_i 值分布图及统计表分别见图 2-27 和表 2-29。

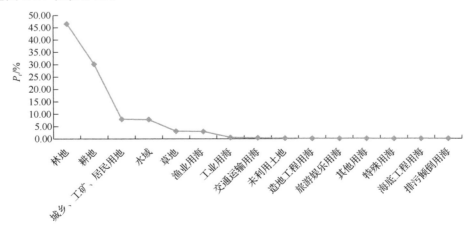

图 2-27　广西壮族自治区管理海岸 P_i 值分布图

表 2-29　广西壮族自治区管理海岸 P_i 值统计表

用地/用海类型	面积/hm²	P_i/%
耕地	307641	30.18
林地	474646	46.56
草地	31824	3.12
水域	79621	7.81
城乡、工矿、居民用地	81473	7.99
未利用土地	1714	0.17
渔业用海	30538	3.00
交通运输用海	3694	0.36
工业用海	5699	0.56
造地工程用海	1089	0.11
旅游娱乐用海	646	0.06
海底工程用海	49	0.005
排污倾倒用海	2	0.0002
特殊用海	93	0.01
其他用海	602	0.06
合计	1019331	—

（12）海南省。

海南省管理海岸表现出了我国东南沿海地区管理海岸地形基本特征。林地景观优势明显，P_i 值为 63.20%；耕地 P_i 值为 24.58%；但是城乡、工矿、居民用地 P_i 值仅为 3.76%，较东南沿海省低；水域 P_i 值仅为 4.04%。海南省管理海岸 P_i 值分布图及统计表分别见图 2-28 和表 2-30。

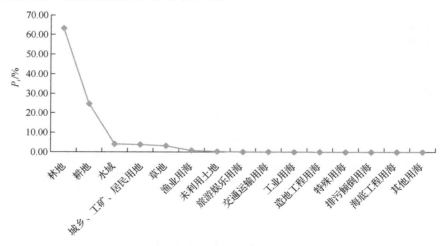

图 2-28　海南省管理海岸 P_i 值分布图

表 2-30 海南省管理海岸 P_i 值统计表

用地/用海类型	面积/hm²	P_i/%
耕地	891796	24.58
林地	2292790	63.20
草地	112200	3.09
水域	146449	4.04
城乡、工矿、居民用地	136248	3.76
未利用土地	9544	0.26
渔业用海	27784	0.77
交通运输用海	3937	0.11
工业用海	2175	0.06
造地工程用海	734	0.02
旅游娱乐用海	4081	0.11
海底工程用海	8	0.0002
排污倾倒用海	29	0.001
特殊用海	89	0.002
其他用海	7	0.0002
合计	3627871	—

基于以上分析结果，结合全国和各省（区、市）管理海岸景观发展特征与联系，主要对耕地、林地、水域和渔业用海景观 P_i 值进行总结说明。将城乡、工矿、居民用地和交通运输用海、工业用海、造地工程用海合并为开发景观分析 P_i 值。

（1）耕地。

如图 2-29、表 2-31 所示，耕地 P_i 值与贡献率发展趋势基本保持一致。也就是说，我国各沿海省（区、市）管理海岸耕地景观表现出地方景观发展优势度与国家耕地用地规模基本协调。因此，可以得出 P_i 值能够反映我国耕地在各沿海省（区、市）管理海岸中分布格局。图 2-29 中实线为 P_i 值，反映我国耕地主要分布在上海市以北沿海省，山东省、辽宁省和江苏省规模较大，且地方以耕地用地为主要用地。而上海市以南沿海省（区）耕地明显减少，浙江省、广西壮族自治区和海南省出现了与贡献率反向的趋势。原因在于耕地对全国贡献率相对其他以南沿海省高，但地方发展不以耕地为主。

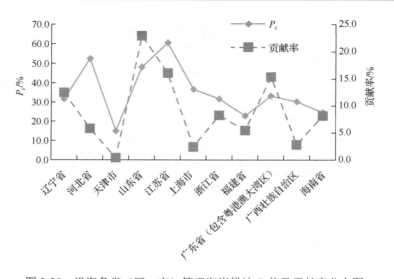

图 2-29　沿海各省（区、市）管理海岸耕地 P_i 值及贡献率分布图

表 2-31　全国及沿海各省（区、市）管理海岸耕地 P_i 值及贡献率统计表

省（区、市）	面积/hm²	P_i/%	贡献率/%
辽宁省	1371723	31.57	12.49
河北省	634336	52.44	5.78
天津市	42597	14.95	0.39
山东省	2512027	48.08	22.88
江苏省	1767548	60.55	16.10
上海市	263520	36.64	2.40
浙江省	903584	31.65	8.23
福建省	596223	22.76	5.43
广东省（包含粤港澳大湾区）	1688849	33.11	15.38
广西壮族自治区	307641	30.18	2.80
海南省	891796	24.58	8.12
全国	10979844	36.69	—

（2）林地。

我国管理海岸林地空间分布特征显著，主要分布在上海市以南海岸，形成东南沿海林地带，全国管理海岸林地贡献率达 83.28%，海南省最高，为 27.02%（表 2-32）。这与地形、气候和人类活动发展方向等因素密切相关。我国北部海岸中辽东半岛海岸多以山地和丘陵为主，向南地势逐渐趋近平缓，同时伴随着城市

化的程度不断加深，在林地 P_i 值线性图（图 2-30）中出现了洼地。广西壮族自治区景观现状以林地为主，但贡献率低于北部海岸的辽宁省，仅为 5.59%。

表 2-32 全国及沿海各省（区、市）管理海岸林地 P_i 值及贡献率统计表

省（区、市）	面积/hm²	P_i/%	贡献率/%
辽宁省	1009627	23.24	11.90
河北省	73147	6.05	0.86
天津市	2557	0.90	0.03
山东省	308318	5.90	3.63
江苏省	18627	0.64	0.22
上海市	6016	0.84	0.07
浙江省	1174180	41.13	13.84
福建省	1128854	43.09	13.31
广东省（包含粤港澳大湾区）	1995459	39.12	23.52
广西壮族自治区	474646	46.56	5.59
海南省	2292790	63.20	27.02
全国	8484221	28.35	—

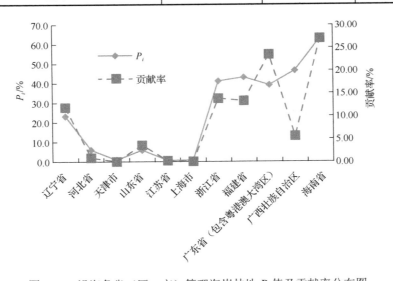

图 2-30 沿海各省（区、市）管理海岸林地 P_i 值及贡献率分布图

（3）水域。

我国管理海岸水域存量较低，仅占全国使用面积的 8%，占全国海岸面积的 5%，反映出沿海地区水资源较为匮乏。从图 2-31 看出，P_i 值和贡献率普遍出现反向趋势，说明水域景观在地方景观发展中优势不明显，又因存量较低，最终导

致这一现象出现。以山东省为例，P_i 值仅为 11.23%，而贡献率（21.29%）却位居沿海各省（区、市）首位，如图 2-31、表 2-33 所示。

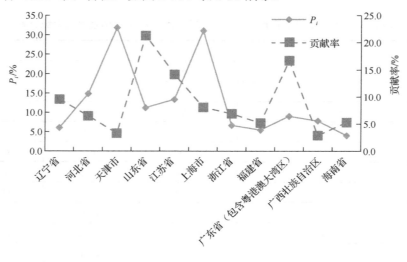

图 2-31　沿海各省（区、市）管理海岸水域 P_i 值及贡献率分布图

表 2-33　全国及沿海各省（区、市）管理海岸水域 P_i 值及贡献率统计表

省（区、市）	面积/hm²	P_i/%	贡献率/%
辽宁省	263851	6.07	9.57
河北省	179530	14.84	6.51
天津市	90720	31.84	3.29
山东省	586831	11.23	21.29
江苏省	390844	13.39	14.18
上海市	223489	31.08	8.11
浙江省	190556	6.68	6.91
福建省	143569	5.48	5.21
广东省（包含粤港澳大湾区）	460586	9.03	16.71
广西壮族自治区	79621	7.81	2.89
海南省	146449	4.04	5.31
全国	2756046	9.21	—

（4）渔业用海。

我国管理海岸海域发展以渔业用海为主要用海类型，占全海域使用规模的87%，但仅占全国管理海岸使用规模的 8%。渔业用海 P_i 值发展趋势与贡献率的发展趋势十分相近，说明地方渔业用海发展与全国渔业用海发展相协调，空间分

布明显。渔业用海主要集中在北部海岸，南部海岸分布较少。在北部海岸中，辽宁省的 P_i 值和贡献率均最高，分别为 25.93% 和 45.98%，其次为山东省，如图 2-32、表 2-34 所示。

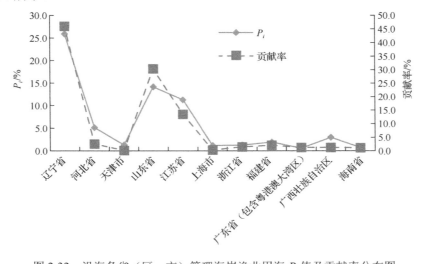

图 2-32　沿海各省（区、市）管理海岸渔业用海 P_i 值及贡献率分布图

表 2-34　全国及沿海各省（区、市）管理海岸渔业用海 P_i 值及贡献率统计表

省（区、市）	面积/hm²	P_i/%	贡献率/%
辽宁省	1126487	25.93	45.98
河北省	62613	5.18	2.56
天津市	3739	1.31	0.15
山东省	742238	14.21	30.30
江苏省	329857	11.30	13.46
上海市	8593	1.19	0.35
浙江省	36379	1.27	1.48
福建省	51139	1.95	2.09
广东省（包含粤港澳大湾区）	30400	0.60	1.24
广西壮族自治区	30538	3.00	1.25
海南省	27784	0.77	1.13
全国	2449767	8.19	—

（5）开发景观。

开发景观是城乡、工矿、居民用地和交通运输用海、工业用海、造地工程用

海的总和。天津市、河北省、上海市管理海岸开发程度 P_i 值明显高于其他沿海各省（区、市）。但由于海岸面积较小，贡献率并没有与 P_i 值的发展趋势保持一致。反而，山东省和广东省（包含粤港澳大湾区）的开发贡献率较高。因此，图 2-33 中显示天津市 P_i 值最高，表明天津市的开发程度最高，P_i 值为 39.25%（表 2-35）。同样，河北省、上海市与其他省（区、市）相比开发程度较高。

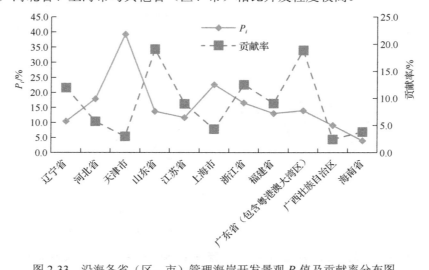

图 2-33 沿海各省（区、市）管理海岸开发景观 P_i 值及贡献率分布图

表 2-35 全国及沿海各省（区、市）管理海岸开发景观 P_i 值及贡献率统计表

省（区、市）	面积/hm²	P_i/%	贡献率/%
辽宁省	451447	10.39	12.02
河北省	216146	17.87	5.76
天津市	111832	39.25	2.98
山东省	717081	13.72	19.10
江苏省	338899	11.61	9.03
上海市	162414	22.58	4.33
浙江省	471659	16.52	12.56
福建省	340685	13.01	9.07
广东省（包含粤港澳大湾区）	709663	13.91	18.90
广西壮族自治区	91955	9.02	2.45
海南省	143094	3.94	3.81
全国	3754875	12.5	—

2）景观破碎度（C）

$$C_i = \frac{n_i}{A_i} \times 100 \qquad (2\text{-}2)$$

式中，C_i 为景观 i 的破碎度；n_i 为景观 i 的斑块数，单位为个；A_i 为景观 i 的总面积，单位为 hm^2。

景观破碎度表征景观被分割的破碎程度，反映景观空间结构的复杂性，在一定程度上反映了人类对景观的干扰程度。它是自然或人为干扰所导致的景观由单一、均质和连续的整体趋向于复杂、异质和不连续的斑块镶嵌体的过程，景观破碎化是生物多样性丧失的重要原因之一，它与自然资源保护密切相关。

研究发现，我国各省（区、市）管理海岸陆域景观破碎度高于海域景观破碎度，陆域景观破碎度值域范围为[0.10,0.43]，海域景观破碎度值域范围为[1.03, 6.86]。陆域景观破碎度以上海市为界形成南北不同的分布格局，北部海岸低于南部海岸。也就是说，北部海岸陆域景观完整性保持较好，南部海岸较差，反映出南部海岸陆域开发程度高于北部海岸。海域景观破碎度分布格局与陆域相同，以上海市为界，北部海岸低于南部海岸。需要指出的是，海域景观的发展特征与陆域不同。海域空间是开阔不封闭的，主要受制于海域资源禀赋，容易形成用海规模化和集约化。因此，景观破碎度与资源开发程度相关性不高，不能完全表现出地方的开发程度。那么，总体破碎度也不能准确表现开发程度。沿海各省（区、市）管理海岸景观破碎度统计表见表 2-36。

表 2-36　沿海各省（区、市）管理海岸景观破碎度统计表

省（区、市）	陆域景观破碎度（C_1）	海域景观破碎度（C_2）	总体破碎度（C_3）
辽宁省	0.24	1.74	0.64
河北省	0.17	3.87	0.44
天津市	0.19	1.74	0.39
山东省	0.19	1.55	0.40
江苏省	0.10	1.03	0.21
上海市	0.11	1.96	0.19
浙江省	0.25	6.51	0.45
福建省	0.43	5.37	0.62
广东省（包含粤港澳大湾区）	0.28	4.78	0.34
广西壮族自治区	0.27	6.86	0.54
海南省	0.25	4.57	0.29

上述内容表明了各省（区、市）海岸景观破碎化程度具有一般性和特殊性两重性表现。一般性表现为陆域景观破碎度低于海域景观破碎度；特殊性则表现为

区域特征不同、陆海特征不同。为了分析出现两重性的内在原因，下面对耕地、林地、水域和渔业用海、开发景观五类主要景观进行分析。

（1）耕地。

由图 2-34 看出，上海以南海岸耕地景观破碎度出现上升趋势，说明耕地景观由北向南结构复杂性变大，人类对景观干扰程度加大。用地用海需求和生产方式的不同，导致了景观破碎程度的不同。表 2-37 显示，福建省耕地景观破碎度最高，为 0.43。江苏省最低，为 0.02，说明耕地景观连续性最好。原因在于，南北海岸地形结构区别较大。沿海各省（区、市）管理海岸耕地景观破碎度分布图及统计表分别如图 2-34、表 2-37 所示。

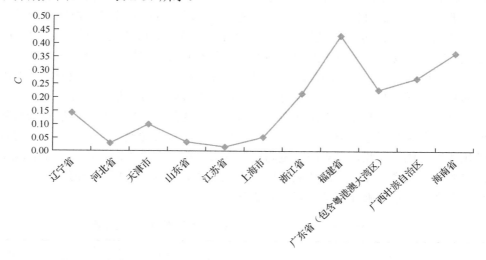

图 2-34　沿海各省（区、市）管理海岸耕地景观破碎度分布图

表 2-37　沿海各省（区、市）管理海岸耕地景观破碎度统计表

省（区、市）	面积/hm²	图斑数量/个	C
辽宁省	1371723	1964	0.14
河北省	634336	185	0.03
天津市	42597	43	0.10
山东省	2512027	846	0.03
江苏省	1767548	273	0.02
上海市	263520	138	0.05
浙江省	903584	1951	0.22
福建省	596223	2560	0.43
广东省（包含粤港澳大湾区）	1688849	3874	0.23
广西壮族自治区	307641	836	0.27
海南省	891796	3246	0.36

（2）林地。

林地的生态特性较其他景观明显，林地景观的完整性可反映出区域生态完整性和健康性。上海以南管理海岸林地景观的完整性保持较好，以北海岸破碎化程度高于南部海岸。原因在于北部海岸林地景观主要被耕地景观割裂，破坏了景观的完整性和连续性。从地方来看，上海市林地景观破碎度最高，为 0.76。其次是天津市，景观破碎度为 0.59。这反映出上海市和天津市开发程度高于其他地区海岸。沿海各省（区、市）管理海岸林地景观破碎度分布图及统计表分别如图 2-35、表 2-38 所示。

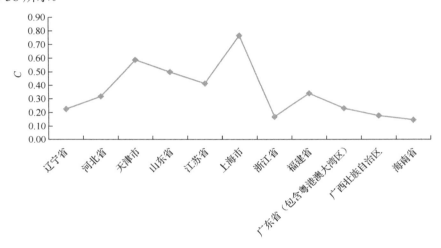

图 2-35 沿海各省（区、市）管理海岸林地景观破碎度分布图

表 2-38 沿海各省（区、市）管理海岸林地景观破碎度统计表

省（区、市）	面积/hm²	图斑数量/个	C
辽宁省	1009627	2266	0.22
河北省	73147	232	0.32
天津市	2557	15	0.59
山东省	308318	1535	0.50
江苏省	18627	77	0.41
上海市	6016	46	0.76
浙江省	1174180	1947	0.17
福建省	1128854	3836	0.34
广东省（包含粤港澳大湾区）	1995459	4549	0.23
广西壮族自治区	474646	826	0.17
海南省	2292790	3295	0.14

（3）水域。

海岸水资源短缺、景观破碎化程度高的情况在沿海各省（区、市）管理海岸普遍存在，上海市以南海岸更为凸显。北部海岸水域破碎度低于南部海岸，但山东省却大有不同，其水域景观破碎度是我国沿海各省（区、市）海岸最高的，为0.59。原因在于山东省海岸被山东半岛切割为南北两部分，北部地区水域景观集中在黄河入海口，景观连续性较好，南部地区则破碎化程度严重。上海市海岸水域景观破碎度低是因为处于长江入海口处，水域景观完整性保持较好。另外，需要指出的是，海南省是我国海岛省之一，水域景观破碎度较高，为0.52，水域景观脆弱性较高，容易被其他景观入侵，应注重水资源的保护。沿海各省（区、市）管理海岸水域景观破碎度分布图及统计表分别如图2-36、表2-39所示。

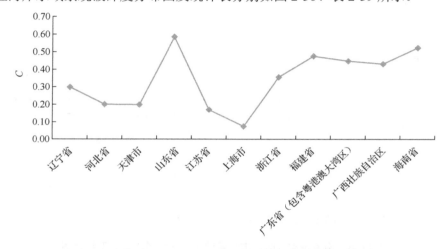

图 2-36　沿海各省（区、市）管理海岸水域景观破碎度分布图

表 2-39　沿海各省（区、市）管理海岸水域景观破碎度统计表

省（区、市）	面积/hm²	图斑数量/个	C
辽宁省	263851	788	0.30
河北省	179530	361	0.20
天津市	90720	181	0.20
山东省	586831	1599	0.59
江苏省	390844	663	0.17
上海市	223489	163	0.07
浙江省	190556	679	0.36
福建省	143569	683	0.48
广东省（包含粤港澳大湾区）	460586	2062	0.45
广西壮族自治区	79621	343	0.43
海南省	146449	767	0.52

（4）渔业用海。

渔业用海主要集中在北部海岸，景观破碎度较低，养殖条件好的区域一般易形成集中规模化用海。南部海岸渔业用海分布比较零散，没有形成大规模的集中用海。这一点说明海域用海景观与陆域景观分布规律有所不同，景观破碎度不能完全反映出区域的开发程度，但结合贡献率可以侧面反映出用海是否集中和集约。如辽宁省景观破碎度为 1.69，贡献率为 46%。这反映出辽宁省虽然开发规模最高，但景观破碎度不是最高的，说明辽宁省单位面积承载的图斑数量压力不是最大的，可以反映出开发强度不是最高的。沿海各省（区、市）管理海岸渔业用海景观破碎度分布图及统计表分别如图 2-37、表 2-40 所示。

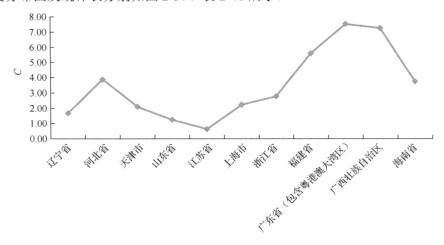

图 2-37 沿海各省（区、市）管理海岸渔业用海景观破碎度分布图

表 2-40 沿海各省（区、市）管理海岸渔业用海景观破碎度统计表

省（区、市）	面积/hm²	图斑数量/个	C	贡献率/%
辽宁省	1126487	19042	1.69	46.0
河北省	62613	2425	3.87	2.6
天津市	3739	79	2.11	0.2
山东省	742238	9323	1.26	30.3
江苏省	329857	2108	0.64	13.5
上海市	8593	192	2.23	0.4
浙江省	36379	1007	2.77	1.5
福建省	51139	2873	5.62	2.1
广东省（包含粤港澳大湾区）	30400	922	7.52	1.2
广西壮族自治区	30538	2217	7.26	1.2
海南省	27784	1043	3.75	1.1

（5）开发景观。

各省（区、市）管理海岸可开发土地资源比较稀缺，地形是主要制约因素，北部海岸开发景观破碎度低于南部海岸。从图 2-38、表 2-41 来看，上海市海岸景观破碎度最低，为 0.39，说明较其他省（区、市）海岸上海市的景观连续性最好。浙江省景观破碎度最高，为 1.26，说明景观空间结构的复杂性较高，形成复杂、异质和不连续的斑块镶嵌体。

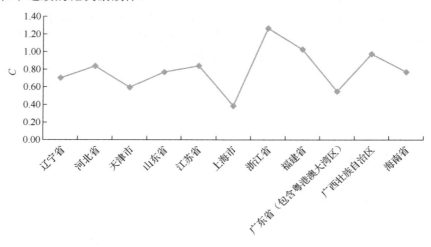

图 2-38　沿海各省（区、市）管理海岸开发景观破碎度分布图

表 2-41　沿海各省（区、市）管理海岸开发景观破碎度统计表

省（区、市）	面积/hm²	图斑数量/个	C
辽宁省	451447	3170	0.70
河北省	216146	1809	0.84
天津市	111832	665	0.59
山东省	717081	5513	0.77
江苏省	338899	2842	0.84
上海市	162414	626	0.39
浙江省	471659	5963	1.26
福建省	340685	3487	1.02
广东省（包含粤港澳大湾区）	709663	3888	0.55
广西壮族自治区	91955	894	0.97
海南省	143094	1100	0.77

3）香农多样性指数（SHDI）

$$SHDI = -\sum_{i=1}^{n} W_i \ln W_i \qquad (2-3)$$

式中，W_i 为景观斑块类型 i 所占景观斑块类型总数比例；n 为景观类型的数量。

香农多样性指数在群落生态学中被广泛应用于多样性的检测，该指标能反映景观异质性，特别对景观中各斑块类型非均衡分布状况较为敏感。另外在比较和分析不同景观或同一景观不同时期的多样性与异质性变化时，SHDI 也是一个敏感指标。如在一个景观系统中，使用景观越丰富，破碎化程度越高，其步定性的信息含量也越大，计算出的 SHDI 值也就越高。

在我国管理海岸景观系统中，总体 SHDI 比较接近（图 2-39），值域范围为 [1.07,1.77]，天津市最高，海南省最低。陆域 SHDI 高于海域 SHDI。陆域 SHDI 值域范围为[0.94,1.38]，福建省最高，江苏省最低；海域 SHDI 值域范围为 [0.06,0.41]，辽宁省最高，海南省最低。沿海各省（区、市）管理海岸景观香农多样性指数统计表见表 2-42。

相比之下，海南省 SHDI 最低，说明海南省海岸较其他省（区、市）均衡发展程度低，近岸林地和耕地景观占据了绝对优势，P_i 值达到近 88%。同样，江苏省也存在这个问题。相反，其他省（区、市）景观发展相对均衡。

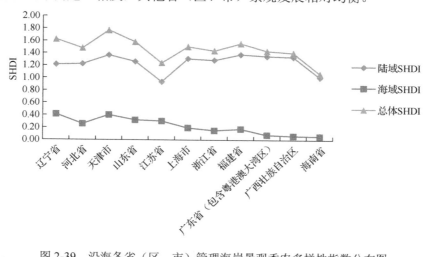

图 2-39　沿海各省（区、市）管理海岸景观香农多样性指数分布图

表 2-42　沿海各省（区、市）管理海岸景观香农多样性指数统计表

省（区、市）	陆域 SHDI	海域 SHDI	总体 SHDI
辽宁省	1.21	0.41	1.62
河北省	1.22	0.26	1.48

续表

省（区、市）	陆域 SHDI	海域 SHDI	总体 SHDI
天津市	1.37	0.40	1.77
山东省	1.26	0.32	1.58
江苏省	0.94	0.30	1.24
上海市	1.31	0.19	1.51
浙江省	1.29	0.15	1.44
福建省	1.38	0.18	1.56
广东省（包含粤港澳大湾区）	1.36	0.08	1.44
广西壮族自治区	1.34	0.07	1.41
海南省	1.01	0.06	1.07

3. 海岸开发强度分析

分析海岸开发强度主要考虑可开发资源空间大小和景观格局分布情况两方面。可开发资源空间大小决定地区的资源开发禀赋，景观格局分布情况可以表现出地区是否均衡发展。本节采用主要开发活动面积与管理海岸面积的比值反映开发资源空间大小，用香农多样性指数反映景观格局分布情况。

$$D = P \times \text{SHDI} = \frac{a}{S} \times \text{SHDI} \tag{2-4}$$

式中，D 为海岸开发强度指数；P 为主要开发活动面积与管理海岸面积的比值，即开发比例；SHDI 为香农多样性指数；a 为主要开发活动面积，单位为 hm^2；S 为管理海岸面积，单位为 hm^2。

我国管理海岸主要开发活动的用地用海类型包括耕地，城乡、工矿、居民用地，渔业用海，交通运输用海，工业用海，造地工程用海，旅游娱乐用海，海底工程用海，排污倾倒用海等。图 2-40 显示，海岸开发强度由北向南呈下降趋势，北部海岸普遍高于南部海岸。海岸开发强度最高的是河北省，海岸开发强度指数为 0.77；其次为山东省，海岸开发强度指数为 0.72；最低的是海南省，海岸开发强度指数为 0.12。南部海岸开发强度最高的是广西壮族自治区，海岸开发强度指数为 0.37。需要指出的是北部海岸开发强度较高的省（区、市）主要集中在黄海、渤海海区，海岸开发强度指数为 0.47，高于其他海区。沿海各省（区、市）管理海岸开发强度统计表见表 2-43。

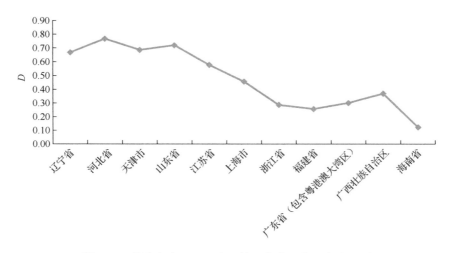

图 2-40　沿海各省（区、市）管理海岸开发强度分布图

表 2-43　沿海各省（区、市）管理海岸开发强度统计表

省（区、市）	开发面积/ hm²	海岸面积/ hm²	开发比例 （P）	香农多样性 指数（SHDI）	海岸开发强 度指数（D）
辽宁省	2955014	7180708	0.41	1.62	0.67
河北省	914641	1764668	0.52	1.48	0.77
天津市	158414	408338	0.39	1.77	0.69
山东省	3986254	8758878	0.46	1.58	0.72
江苏省	2440287	5250209	0.46	1.24	0.58
上海市	438922	1449700	0.30	1.51	0.46
浙江省	1415471	7111641	0.20	1.44	0.29
福建省	992389	6009398	0.17	1.56	0.26
广东省(包含粤港澳大湾区)	2441822	11628643	0.21	1.44	0.30
广西壮族自治区	431526	1647893	0.26	1.41	0.37
海南省	1066888	9205584	0.12	1.07	0.12

4. 总体分析

通过对我国管理海岸的用地用海结构、景观现状和开发强度的分析可以看出，我国管理海岸使用形成了"南林北耕，南少北聚"的空间格局。"南林北耕"描绘的是我国管理海岸的用地特征。"南林"是指上海市以南海岸以林地为主要用地，从浙江省到广西壮族自治区、海南省形成了一条较为完整的林地带。"北耕"则是指上海市以北海岸以耕地为主要用地，描绘出了北方以农耕活动为主要生产方式，

具有适宜农耕活动较好的资源条件。"南少北聚"描绘的是我国管理海岸的用海特征。"南少"是反映南部海岸用海规模较少,"北聚"则反映我国用海主要集中在北部海岸,渔业用海更为明显。这主要反映出的问题有以下几点。

(1)地区管理海岸用地用海结构不均衡。我国管理主要的开发活动为农业生产、城镇建设、工业生产、交通运输建设与服务、旅游建设与服务和渔业生产等。农业生产和渔业生产集中在上海市以北海岸,耕地贡献率为 57.6%,渔业用海贡献率为 92.5%。城镇建设、工业生产、交通运输建设与服务、旅游建设与服务等生产活动主要分布在山东省和广东省(包含粤港澳大湾区),贡献率分别为 19.1%和 18.9%;其次为辽宁省和浙江省,贡献率均超过了 10%。

(2)黄海、渤海海区开发强度高于其他海区。研究发现,我国管理海岸开发强度由北向南呈下降趋势,北部海岸普遍高于南部海岸。北部海岸开发强度较高的地区主要集中在黄海、渤海海区,海岸开发强度指数 0.47,高于其他海区。

(3)水资源短缺。海岸水域主要包括水库坑塘、河渠、湖泊和滩涂,除滨海滩涂外均为淡水资源。水域使用面积 $1200568hm^2$,仅占 9.21%。目前,受海水倒灌、地下水污染等一系列环境问题的影响,水资源短缺情况迫在眉睫。

2.1.4　海岸使用管理制度

自然资源部履行全民所有土地、矿产、森林、草原、湿地、水、海洋等自然资源资产所有者职责和所有国土空间用途管制职责。

1. 关于耕地保护制度

《中华人民共和国土地管理法》[①]对耕地的保护与利用做出具体规定,例如,在总则第四条中明确:"……严格限制农用地转为建设用地,控制建设用地总量,对耕地实行特殊保护。……"第三章土地利用总体规划:"第十六条……耕地保有量不得低于上一级土地利用总体规划确定的控制指标。省、自治区、直辖市人民政府编制的土地利用总体规划,应当确保本行政区域内耕地总量不减少。""第十七条土地利用总体规划按照下列原则编制:……(二)严格保护永久基本农田,严格控制非农业建设占用农用地;……(六)占用耕地与开发复垦耕地数量平衡、质量相当。""第二十一条城市建设用地规模应当符合国家规定的标准,充分利用现有建设用地,不占或者尽量少占农用地。……"等。

《中华人民共和国土地管理法》对耕地保护提出了具体要求,国家保护耕地,

① 最新修正是根据 2019 年 8 月 26 日第十三届全国人民代表大会常务委员会第十二次会议《关于修改〈中华人民共和国土地管理法〉、〈中华人民共和国城市房地产管理法〉的决定》第三次修正,自 2020 年 1 月 1 日起施行。

严格控制耕地转为非耕地。国家实行占用耕地补偿制度。

《中华人民共和国土地管理法实施条例》①规定，加强土地利用年度计划管理，实行建设用地总量控制，实施耕地保护。

《基本农田保护条例》②规定，国家实行基本农田保护制度。明确基本农田保护的布局安排、数量指标和质量要求，确定基本农田保护区。省、自治区、直辖市划定的基本农田应当占本行政区域内耕地总面积的 80% 以上，具体数量指标根据全国土地利用总体规划逐级分解下达。基本农田保护区实施严格管理和保护，地方各级人民政府应当采取措施，确保土地利用总体规划确定的本行政区域内基本农田的数量不减少。基本农田保护区经依法划定后，任何单位和个人不得改变或者占用。

2. 关于林地保护制度

《中华人民共和国森林法》③第四章森林保护第二十八条："国家加强森林资源保护，发挥森林蓄水保土、调节气候、改善环境、维护生物多样性和提供林产品等多种功能。"另外，第三十一条："国家在不同自然地带的典型森林生态地区、珍贵动物和植物生长繁殖的林区、天然热带雨林区和具有特殊保护价值的其他天然林区，建立以国家公园为主体的自然保护地体系，加强保护管理。国家支持生态脆弱地区森林资源的保护修复。县级以上人民政府应当采取措施对具有特殊价值的野生植物资源予以保护。"并规定："国家实行天然林全面保护制度，严格限制天然林采伐，加强天然林管护能力建设，保护和修复天然林资源，逐步提高天然林生态功能。具体办法由国务院规定。""国家保护林地，严格控制林地转为非林地，实行占用林地总量控制，确保林地保有量不减少。各类建设项目占用林地不得超过本行政区域的占用林地总量控制指标。"

《中华人民共和国森林法实施条例》④规定，森林资源包括森林、林木、林地以及依托森林、林木、林地生存的野生动物、植物和微生物。森林包括乔木林和竹林。林木包括树木和竹子。林地包括郁闭度 0.2 以上的乔木林地以及竹林地、灌木林地、疏林地、采伐迹地、火烧迹地、未成林造林地、苗圃地和县级以上人民政府规划的宜林地。禁止毁林开垦、毁林采种和违反操作技术规程采脂、挖笋、掘根、剥树皮及过度修枝的毁林行为。25° 以上的坡地应当用于植树、种草。25°

---

① 2021 年 4 月 21 日，《中华人民共和国土地管理法实施条例》通过。

② 1998 年 12 月 27 日，中华人民共和国国务院令第 257 号发布《基本农田保护条例》，自 1999 年 1 月 1 日起施行。

③ 2019 年 12 月 28 日第十三届全国人民代表大会常务委员会第十五次会议修订，自 2020 年 7 月 1 日起施行。

④ 2018 年 3 月 19 日，根据《国务院关于修改和废止部分行政法规的决定》（中华人民共和国国务院令第 698 号）修改了《中华人民共和国森林法实施条例》，自 2018 年 3 月 19 日起实施。

以上的坡耕地应当按照当地人民政府制定的规划,逐步退耕,植树和种草。

3. 关于湿地保护制定

《湿地保护管理规定》[①]首先对湿地进行了定义:"湿地是指常年或者季节性积水地带、水域和低潮时水深不超过 6m 的海域,包括沼泽湿地、湖泊湿地、河流湿地、滨海湿地等自然湿地,以及重点保护野生动物栖息地或者重点保护野生植物原生地等人工湿地。"该规定提出,可以采取湿地自然保护区、湿地公园、湿地保护小区等方式保护湿地,健全湿地保护管理机构和管理制度,完善湿地保护体系,加强湿地保护。湿地按照其生态区位、生态系统功能和生物多样性等重要程度,分为国家重要湿地、地方重要湿地和一般湿地,地方制定重要湿地和一般湿地认定标准和管理办法,发布地方重要湿地和一般湿地名录。符合国际湿地公约国际重要湿地标准的,可以申请指定为国际重要湿地。具备自然保护区建立条件的湿地,应建立自然保护区。以保护湿地生态系统、合理利用湿地资源、开展湿地宣传教育和科学研究为目的,且可开展生态旅游等活动的湿地,可以设立湿地公园,湿地公园分为国家湿地公园和地方湿地公园。建设项目应当不占或者少占湿地,经批准确需征收、占用湿地并转为其他用途的,用地单位应当按照"先补后占、占补平衡"的原则,依法办理相关手续。

4. 关于水资源保护制度

1)《中华人民共和国水法》[②]

该法明确水资源包括地表水和地下水。国家保护水资源,采取有效措施,保护植被,植树种草,涵养水源,防治水土流失和水体污染,改善生态环境。全国按照流域、区域统一制定水资源战略规划,分为流域规划和区域规划。流域规划包括流域综合规划和流域专业规划;区域规划包括区域综合规划和区域专业规划。综合规划是指根据经济社会发展需要和水资源开发利用现状编制的开发、利用、节约、保护水资源和防治水害的总体部署。专业规划是指防洪、治涝、灌溉、航运、供水、水力发电、竹木流放、渔业、水资源保护、水土保持、防沙治沙、节约用水等规划。国家建立饮用水水源保护区制度,划定饮用水水源保护区,并采取措施,防止水源枯竭和水体污染,保证城乡居民饮用水安全,禁止在饮用水水源保护区内设置排污口。严格控制开采地下水,在地下水严重超采地区,划定地下水禁止开采或者限制开采区。在沿海地区开采地下水,应防止地面沉降和海水入侵。

---

① 《湿地保护管理规定》已经国家林业局局务会议审议通过,由国家林业局于 2013 年 3 月 28 日发布,自 2013 年 5 月 1 日起施行。

② 根据 2016 年 7 月 2 日第十二届全国人民代表大会常务委员会第二十一次会议《关于修改〈中华人民共和国节约能源法〉等六部法律的决定》第二次修正。

2）《国务院关于实行最严格水资源管理制度的意见》[①]

（1）三条红线。

一是确立水资源开发利用控制红线，到 2030 年全国用水总量控制在 7000 亿 m³以内。

二是确立用水效率控制红线，到 2030 年用水效率达到或接近世界先进水平，万元工业增加值用水量降低到 40m³ 以下，农田灌溉水有效利用系数提高到 0.6以上。

三是确立水功能区限制纳污红线，到 2030 年主要污染物入河湖总量控制在水功能区纳污能力范围之内，水功能区水质达标率提高到 95%以上。为实现上述红线目标，进一步明确了 2015 年和 2020 年水资源管理的阶段性目标。

（2）四项制度。

一是用水总量控制。加强水资源开发利用控制红线管理，严格实行用水总量控制，包括严格规划管理和水资源论证，严格控制流域和区域取用水总量，严格实施取水许可，严格水资源有偿使用，严格地下水管理和保护，强化水资源统一调度。

二是用水效率控制制度。加强用水效率控制红线管理，全面推进节水型社会建设，包括全面加强节约用水管理，把节约用水贯穿于经济社会发展和群众生活生产全过程，强化用水定额管理，加快推进节水技术改造。

三是水功能区限制纳污制度。加强水功能区限制纳污红线管理，严格控制入河湖排污总量，包括严格水功能区监督管理，加强饮用水水源地保护，推进水生态系统保护与修复。

四是水资源管理责任和考核制度。将水资源开发利用、节约和保护的主要指标纳入地方经济社会发展综合评价体系，县级以上人民政府主要负责人对本行政区域水资源管理和保护工作负总责。

5. 关于建设用地管理制度

《中华人民共和国土地管理法》规定，永久基本农田转为建设用地的，由国务院批准。在土地利用总体规划确定的城市和村庄、集镇建设用地规模范围内，为实施该规划而将永久基本农田以外的农用地转为建设用地的，按土地利用年度计划分批次按照国务院规定由原批准土地利用总体规划的机关或者其授权的机关批准。在已批准的农用地转用范围内，具体建设项目用地可以由市、县人民政府批准。在土地利用总体规划确定的城市和村庄、集镇建设用地规模范围外，将永久

[①] 2012 年 1 月 12 日，国务院印发《关于实行最严格水资源管理制度的意见》（国发〔2012〕3 号）。这是继 2011 年中央 1 号文件和中央水利工作会议明确要求实行最严格水资源管理制度以来，国务院对实行该制度作出的全面部署和具体安排，是指导当前和今后一个时期我国水资源工作十分重要的纲领性文件。

基本农田以外的农用地转为建设用地的，由国务院或者国务院授权的省、自治区、直辖市人民政府批准。

《建设用地审查报批管理办法》①规定：建设项目拟占用耕地的，还应当提出补充耕地方案；建设项目位于地质灾害易发区的，还应当提供地质灾害危险性评估报告；建设项目只占用国有农用地的，需拟订农用地转用方案，补充耕地方案和供地方案；建设项目只占用农民集体所有建设用地的，需拟订征收土地方案和供地方案；建设项目只占用国有未利用地的，只需拟订供地方案；其他建设项目使用国有未利用地的，按照省、自治区、直辖市的规定办理。

6. 关于港口管理制度

《中华人民共和国港口法》②指出，港口可以由一个或者多个港区组成。港口规划应当根据国民经济和社会发展的要求以及国防建设的需要编制，体现合理利用岸线资源的原则，符合城镇体系规划，并与土地利用总体规划、城市总体规划、江河流域规划、防洪规划、海洋功能区划、水路运输发展规划和其他运输方式发展规划以及法律、行政法规规定的其他有关规划相衔接、协调。港口建设使用土地和水域，需符合土地管理、海域使用管理、河道管理、航道管理、军事设施保护管理的法律、行政法规以及其他有关法律、行政法规的规定。

7. 关于海域资源管理

《中华人民共和国海域使用管理法》③对海域、内水进行了定义：海域是指中华人民共和国内水、领海的水面、水体、海床和底土；内水是指中华人民共和国领海基线向陆地一侧至海岸线的海域。并明确，海域属于国家所有，国务院代表国家行使海域所有权。任何单位或者个人不得侵占、买卖或者以其他形式非法转让海域，单位和个人使用海域，必须依法取得海域使用权；国家实行海洋功能区划制度，海域使用必须符合海洋功能区划；严格管理填海、围海等改变海域自然属性的用海活动。

8. 管理现状总结

我国海岸使用管理主要涉及五部法律及其一系列的配套制度。五部法律包括《中华人民共和国土地管理法》《中华人民共和国森林法》《中华人民共和国水法》

---

① 1999年3月2日中华人民共和国国土资源部令第3号发布，2010年11月30日第一次修正，根据2016年11月25日《国土资源部关于修改〈建设用地审查报批管理办法〉的决定》第二次修正。
② 根据2018年12月29日第十三届全国人民代表大会常务委员会第七次会议《关于修改〈中华人民共和国港口法〉等四部法律的决定》第三次修正。
③ 《中华人民共和国海域使用管理法》由中华人民共和国第九届全国人民代表大会常务委员会第二十四次会议于2001年10月27日通过，自2002年1月1日起施行。

《中华人民共和国港口法》和《中华人民共和国海域使用管理法》。配套制度包括关于资源使用的条例和管理办法等，如《中华人民共和国土地管理法实施条例》《基本农田保护条例》《中华人民共和国森林法实施条例》和《建设用地审查报批管理办法》等。这反映出针对我国管理海岸的法律体系、制度构建和管理措施已经形成一套成熟的管理机制。

2.2　海岸现行保护制度体系

2.2.1　海洋生态红线

海洋生态红线制度是指为维护海洋生态健康与生态安全，将重要海洋生态功能区、生态敏感区和生态脆弱区划定为重点管控区域并实施严格分类管控的制度安排。2012 年 10 月，国家海洋局印发《关于建立渤海海洋生态红线制度的若干意见》。《关于建立渤海海洋生态红线制度的若干意见》提出，要将渤海海洋保护区、重要滨海湿地、重要河口、特殊保护海岛和沙源保护海域、重要砂质岸线、自然景观与文化历史遗迹、重要旅游区和重要渔业海域等区域划定为海洋生态红线区，并进一步细分为禁止开发区和限制开发区，依据生态特点和管理需求，分区分类制定红线管控措施。

《关于建立渤海海洋生态红线制度的若干意见》提出了以下四项目标。

第一，渤海总体自然岸线保有率不低于 30%，辽宁省、河北省、天津市、山东省自然岸线保有率分别不低于 30%、20%、5%、40%。

第二，海洋生态红线区面积占渤海近岸海域面积的比例不低于 1/3，辽宁省、河北省、天津市、山东省海洋生态红线区面积占其管辖海域面积的比例分别不低于 40%、25%、10%、40%。

第三，到 2020 年，海洋生态红线区陆源入海直排口污染物排放达标率达到 100%，陆源污染物入海总量减少 10%～15%。

第四，到 2020 年，海洋生态红线区内海水水质达标率不低于 80%。

2.2.2　海洋自然保护区

海洋自然保护区是国家为保护海洋环境和海洋资源而划出界限加以特殊保护的具有代表性的自然地带，是保护海洋生物多样性，防止海洋生态环境恶化的措施之一。1995 年，我国有关部门制定了《海洋自然保护区管理办法》，贯彻养护为主、适度开发、持续发展的方针，对各类海洋自然保护区划分为核心区、缓冲区和试验区，加强海洋自然保护区的建设和管理。目前，我国已建立各种类型的海洋自然保护区 60 处，所保护的区域面积近 1300000hm²，其中国家级 15 个、省级 26 个、市县级 16 个。《海洋自然保护区管理办法》明确："海洋自然保护区是指以海洋自然环境和资源保护为目的，依法把包括保护对象在内的一定面积的海岸、河口、岛屿、湿地或海域划分出来，进行特殊保护和管理的区域。"

国家海洋行政主管部门负责研究、制定全国海洋自然保护区规划；审查国家级海洋自然保护区建区方案和报告；审批国家级海洋自然保护区总体建设规划；统一管理全国海洋自然保护区工作。沿海省、自治区、直辖市海洋管理部门负责研究制定本行政区域毗邻海域内海洋自然保护区规划；提出国家级海洋自然保护区选划建议；主管本行政区域毗邻海域内海洋自然保护区选划、建设、管理工作。

核心区内，除经沿海省、自治区、直辖市海洋管理部门批准进行的调查观测和科学研究活动外，禁止其他一切可能对保护区造成危害或不良影响的活动。

缓冲区内，在保护对象不遭人为破坏和污染前提下，经该保护区管理机构批准，可在限定的时间和范围内适当进行渔业生产、旅游观光、科学研究、教学实习等活动。

实验区内，在该保护区管理机构统一规划和指导下，有计划地进行适度开发活动。

在绝对保护期（根据保护对象生活习性规定的一定时期）内，保护区内禁止从事任何损害保护对象的活动；经该保护区管理机构批准，可适当进行科学研究、教学实习活动。

2.2.3 国家级海洋公园（海洋特别保护区）

海洋特别保护区是指具有特殊地理条件、生态系统、生物与非生物资源及海洋开发利用特殊要求，需要采取有效的保护措施和科学的开发方式进行特殊管理的区域。2005 年，我国建立了第一个国家级海洋特别保护区，茅尾海七十二泾国家级海洋特别保护区。2011 年 5 月 19 日，国家海洋局发布了新建 5 处国家级海洋特别保护区和 7 处国家级海洋公园名单，这是我国首批国家级海洋公园。2013 年，国家海洋局发布了新建 3 处国家级海洋特别保护区和 10 处国家级海洋公园名单。2014 年，国家海洋局发布了新建 11 处国家级海洋公园名单。批准成立的国家级海洋特别保护区与海洋公园，充分发挥了海洋特别保护区在协调海洋生态保护和资源利用关系中的重要作用，有效地推进了我国海洋特别保护区的规范化建设和管理，促进了沿海地区社会经济的可持续发展和海洋生态文明建设。

2010 年国家海洋局修订了《海洋特别保护区管理办法》，将海洋公园纳入海洋特别保护区的体系中。国家海洋局负责全国海洋特别保护区的监督管理，会同沿海省、自治区、直辖市人民政府和国务院部门制定国家级海洋特别保护区建设发展规划并监督实施，指导地方级海洋特别保护区的建设发展；省级海洋行政主管部门根据国家级海洋特别保护区建设发展规划，建立、建设和管理本行政区近岸海域国家级海洋特别保护区，组织制定本行政区地方级海洋特别保护区建设发展规划并监督实施，建立、建设和管理省级海洋特别保护区。

在重点保护区内，实行严格的保护制度，禁止实施各种与保护无关的工程建设活动。

在适度利用区内，在确保海洋生态系统安全的前提下，允许适度利用海洋资源。鼓励实施与保护区保护目标相一致的生态型资源利用活动，发展生态旅游、生态养殖等海洋生态产业。

在生态与资源恢复区内，根据科学研究结果，可以采取适当的人工生态整治与修复措施，恢复海洋生态、资源与关键生境。

在预留区内，严格控制人为干扰，禁止实施改变区内自然生态条件的生产活动和任何形式的工程建设活动。

2.2.4　海岸线保护与利用规划

2017 年 3 月 31 日，国家海洋局发布了《海岸线保护与利用管理办法》，明确将建立自然岸线保有率控制制度，到 2020 年，全国大陆自然岸线保有率不低于35%。国家海洋局还将定期组织海岸线保护与利用专项执法检查，对违法用海占用、破坏自然岸线等重大案件挂牌督办。

国家对海岸线实行分类保护与利用，严格限制建设项目占用自然岸线，编制全国海岸线整治修复五年规划及年度计划，建立全国海岸线整治修复项目库，编制省级行政区域内的五年规划及年度修复计划，提出项目清单，纳入全国海岸线整治修复项目库。确立了监测巡查、执法检查等监督管理制度。

2.2.5　"三线一单"制度

"三线一单"，是指生态保护红线、环境质量底线、资源利用上线和生态环境准入清单，是推进生态环境保护精细化管理、强化国土空间环境管控、推进绿色发展高质量发展的一项重要工作。

1. 生态保护红线

生态保护红线指在生态空间范围内具有特殊重要生态功能、必须强制严格保护的区域，是保障和维护国家生态安全的底线和生命线，通常包括具有重要水源涵养、生物多样性维护、水土保持、防风固沙、海岸生态稳定等功能的生态功能重要区域，以及水土流失、土地沙化、石漠化、盐渍化等生态环境敏感脆弱区域。

按照"生态功能不降低、面积不减少、性质不改变"的基本要求，实施严格管控。

2. 环境质量底线

环境质量底线指按照水、大气、土壤环境质量不断优化的原则，结合环境质量现状和相关规划、功能区划要求，考虑环境质量改善潜力，确定的分区域分阶段环境质量目标及相应的环境管控、污染物排放控制等要求。

3. 资源利用上线

资源利用上线指按照自然资源资产"只能增值、不能贬值"的原则，以保障生态安全和改善环境质量为目的，利用自然资源资产负债表，结合自然资源开发管控，提出的分区域分阶段的资源开发利用总量、强度、效率等上线管控要求。

4. 生态环境准入清单

生态环境准入清单指基于环境管控单元，统筹考虑生态保护红线、环境质量底线、资源利用上线的管控要求，提出的空间布局、污染物排放、环境风险、资源开发利用等方面禁止和限制的环境准入要求。

2017 年 12 月，环境保护部印发《"生态保护红线、环境质量底线、资源利用上线和环境准入负面清单"编制技术指南（试行）》（环办环评〔2017〕99 号）。截至 2019 年 7 月 1 日，已经有 12 省（区、市）陆续成立了相关协调小组，组建了技术单位与团队；部分地市在省级框架下，对"三线一单"的相关要求进行了细化。12 省（区、市）在"三线"分析基础上，综合叠加生态、水、大气和土壤等要素管控分区和行政区域、工业园区、城镇规划边界等，统筹划定了优先、重点和一般三类环境管控单元，共划分综合管控单元 1 万余个，重点地区空间管控精度达到乡镇及园区级别。针对管控单元，各省（区、市）总体采用结构化的清单模式，从省域、区域、市域不同层级，对环境管控单元提出了具体生态环境准入要求，基本达到了宏观管控的制度设计要求。

2.2.6　海岸建筑后退线制度

1. 国家规定

我国从国家层面出台对海岸建筑后退线管理的文件是 2017 年国家海洋局印发的《海岸线保护与利用管理办法》。该办法规定海岸线保护与利用管理应严格保护自然岸线，拓展公众亲海空间，与近岸海域、沿海陆域环境管理相衔接。同时规定了海岸线的保护与利用管理需要保障公众亲海空间，而海岸线建筑退让是保障公众亲海空间的必要措施，从而为我国海岸线建筑退让提供了原则依据。该办法还根据海岸线自然资源条件和开发程度，将海岸线分为严格保护、限制开发和优化利用三个类别，对于严格保护岸段，除国防安全需要外，禁止在严格保护岸线的保护范围内构建永久性建筑物、围填海、开采海砂、设置排污口等损害海岸地形地貌和生态环境的活动。该办法从海岸线保护的角度对海岸开发利用活动做出了规定，为我国海岸线建筑退让提供了实施依据。

2. 省级规定

目前，我国各沿海省对海岸建筑后退线的管理尚未形成共识，但部分沿海省份已经出台了相关规定。山东省、广东省在省级海岸带规划中，福建省在《福建省海岸带保护与利用管理条例》中对海岸建筑退让做出了规定，并针对海岸线建筑退让范围内的开发利用活动制定了具体管制措施。各省的管制措施综合起来主要包括两个方面：一是建筑退让的对象，例如，山东省考虑了公共安全服务等必须临近海洋的项目，福建省考虑了国家重点建设项目；二是对临海建筑物的具体要求，例如，福建省规定了建筑密度、高度等，广东省要求保持通山面海视廊通畅，高度不得高于待保护主体。沿海省份海岸建筑后退线管理措施见表2-44。

表2-44　沿海省份海岸建筑后退线管理措施一览表

省份	规定退让文件	发布时间	退让距离	管制措施
山东	《山东省海岸带总体规划》	2005 年	平均高潮线向陆 100～300m	（1）退缩线向海一侧为不可建设区，但不包括对公共安全及服务必需的建筑物和必须临近海洋的项目。（2）退缩线由各市在城市海岸带规划中划定，原则上不得小于100m
福建	《福建省海岸带保护与利用管理条例》	2017 年	未建成区≥200m；建成区由设区市人民政府公布	限制开发区域与优化利用区域设置海岸建筑后退线。在海岸建筑后退线范围内，除国家重点建设项目、规划范围内的港口项目以及防灾减灾项目建设需要外，不得新建、改建、扩建其他建筑物、构筑物。已有的建筑物、构筑物应当逐步优化调整至海岸建筑后退线外
广东	《广东省海岸带综合保护与利用总体规划》	2017 年	100～200m	海岸建筑后退线向海侧不得新建、扩建、改建建筑物等，确需建设的，应控制建筑物高度、密度、保持通山面海视廊通畅，高度不得高于待保护主体。严格控制海岸建筑后退线向海一侧及近海水域内的建设施工、采砂等开发活动

3. 市级规定

我国沿海各市经济社会发展水平、自然环境条件都不相同，部分城市针对海岸区域海岸建筑后退线做出了具有地方特色的规定。2018 年深圳市、2019 年中山市分别印发了《深圳市海岸带综合保护与利用规划（2018—2035）》《中山市海岸线、河岸线退让规划管理办法》。深圳市将海岸线管控区分为核心区和协调区，核心管理区向陆一侧划定 35～50m 的管控距离，协调区划定 100m 的管控距离，鼓励有条件的区域扩大管控距离。中山市将海岸线分为生产岸线、生活休闲岸线，生活休闲岸线退让距离要求大于等于 200m，生产岸线退让距离要求大于等于 100m（用海建设项目除外）。部分沿海市海岸建筑后退线管理特点见表 2-45。

表 2-45　部分沿海市海岸建筑后退线管理特点一览表

地区	退让距离	管理特点
深圳市	核心区：35～50m	海岸线管控区分为核心区和协调区，核心区退让距离以岸线类型为依据。岸线类型分为砂质岸线、生物岸线、其他自然岸线及人工岸线
	砂质岸线：50m	
	生物岸线：50m	
	其他自然岸线及人工岸线：35m	
	协调区：100m（鼓励扩大）	
中山市	生活休闲岸线：≥200m	岸线类型分为生产岸线和生活休闲岸线
	生产岸线：≥100m	

第3章 我国海岸资源管理体系建设研究

长期以来，我国海岸资源管理存在以海岸线为界，海洋、陆地经济活动"各自为政"的问题。近年来，随着陆海统筹理念的深入人心，逐步实现了陆海协调发展、相互促进的局面。2018 年 3 月 13 日，在十三届全国人大一次会议第四次全体会议上，根据《国务院关于提请审议国务院机构改革方案》①，国家海洋局主体职责并入自然资源部，海洋环境保护职能并入生态环境部，海警则编入武警序列。这一决议，宏观改变了我国海洋自然资源管理格局，打破了海洋和陆地的管理界限，促进了陆地和海洋资源的相互补充。正所谓不"破"不"立"，如何建立海洋自然资源精细化管理体系，科学有效地保护利用海洋自然资源，充分发挥海洋经济特性，与陆地资源形成互补的协调管理机制，是本书主要的研究内容。

3.1 管理范围

我国海岸管理范围是以基准岸线为陆海资源管控线，陆海资源管控线向陆一侧至沿海县（市、区）级行政单元边界为陆域，向海一侧至地方管辖海域界限为海域，两者共同围成闭合范围。我国海岸管理范围示意图见图 3-1。

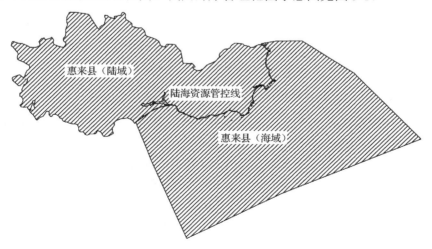

图 3-1 我国海岸管理范围示意图

---

① 2018 年 3 月 13 日，国务院机构改革方案公布。根据该方案，改革后，国务院正部级机构减少 8 个，副部级机构减少 7 个，除国务院办公厅外，国务院设置组成部门 26 个。

3.2　基　本　原　则

1. 加强陆海资源统筹管理，优化陆海资源配置

打破"海岸线"管理界限，疏通陆海管理机制，统筹管理陆海自然资源，优化资源分配方式，建立科学有效的资源配置模型，形成资源共享、科学利用、有效管理的新形势下的分配机制。资源共享是指打通原有资源分配壁垒，解决陆、海资源利用"各自为政"的问题，实现"多规合一"；科学利用是指自然资源的利用必须经过科学论证和环境评价，在科学有效的分配机制下高效利用；有效管理是指建立"垂直管理"模式。融合河长制①、湾长制②等现有管理模式，形成基于陆海资源环境保护与利用体制下的"多模式，一积分"考核机制，避免重复考核，激发管理者的能动效力[53]。

2. 促进区域经济发展，推动海洋产业供给侧结构性改革

区域经济问题是任何大国都必须面对的重大课题。实现我国区域经济发展的协调性，是保持我国经济持续稳定增长的基础[54]，海岸带是重要区域经济复合体[55]，其发展模式符合区域经济的范畴。海岸带区域经济健康发展的关键是海洋产业结构调整，海洋产业结构是在海洋产业分类的基础上，各海洋产业部门在海洋经济整体中的相互联系及其比例关系的体现[56]。

因此，管理体系的构建应充分发挥沿海地区区位优势，优化海岸带产业空间布局，促进海洋产业升级，推动海洋产业供给侧结构性改革，以引导经济腹地产业合理布局，实现陆海产业相互协调的可持续发展模式。

3. 建设陆海生态安全屏障，保障生态系统安全

海岸带作为陆海交汇的生态过渡地带，污染问题日益突出，这对区域生态环境产生了显著的负面影响[57]。海岸带地区面临巨大的生态环境压力[58]。为保障海岸带地区及生态腹地的生态安全，应加强"海岸带是重要生态系统"的管理意识，海岸带既是经济发展的重要聚集地，又是陆地生态系统与海洋生态系统的过渡地带。在保护意识下科学利用是必要的。通过保护与利用管理政策的协调实施，构建一道陆海生态安全屏障，充分保障陆地与海洋的生态系统安全。

---

① 截至 2018 年 6 月底，全国 31 个省（自治区、直辖市）已全面建立河长制。

② 2017 年 9 月，国家海洋局印发《关于开展"湾长制"试点工作的指导意见》，确定了"湾长制"试点的基本原则、职责任务和保障措施，并对抓实抓细试点工作提出了明确要求、进行了详尽安排。

3.3　机　构　设　立

国家设立省、直辖市（计划单列市）海岸管理机构，隶属各沿海省（市）自然资源厅（局）。该机构职能包括制定管理海岸自然资源与环境管理制度（条例），审批管辖范围内占用自然资源与环境申请，管理海岸自然资源与环境普查，编制所管辖区域的经济发展数据年报，组织实施管理海岸国土空间规划、资源环境保护规划等。

沿海省（市）自然资源厅（局）在沿海县（市、区）级行政单元设立海岸自然资源环境管理部门，隶属各沿海省（市）自然资源厅（局），负责实施各沿海省（市）自然资源厅（局）授权的事务。

3.4　法　律　执　行

依据法律及配套文件如下。

1. 《中华人民共和国土地管理法》

1986 年 6 月 25 日第六届全国人民代表大会常务委员会第十六次会议通过，根据 1988 年 12 月 29 日第七届全国人民代表大会常务委员会第五次会议《关于修改〈中华人民共和国土地管理法〉的决定》第一次修正，1998 年 8 月 29 日第九届全国人民代表大会常务委员会第四次会议修订，根据 2004 年 8 月 28 日第十届全国人民代表大会常务委员会第十一次会议《关于修改〈中华人民共和国土地管理法〉的决定》第二次修正，根据 2019 年 8 月 26 日第十三届全国人民代表大会常务委员会第十二次会议《关于修改〈中华人民共和国土地管理法〉、〈中华人民共和国城市房地产管理法〉的决定》第三次修正。

2. 《中华人民共和国土地管理法实施条例》

《中华人民共和国土地管理法实施条例》是根据《中华人民共和国土地管理法》制定的条例。其明确指出国家依法实行土地登记发证制度。依法登记的土地所有权和土地使用权受法律保护，任何单位和个人不得侵犯。2021 年 4 月 21 日，国务院第 132 次常务会议修订通过《中华人民共和国土地管理法实施条例》，自 2021 年 9 月 1 日起施行。

3. 《中华人民共和国森林法》

1984 年 9 月 20 日第六届全国人民代表大会常务委员会第七次会议通过，根据 1998 年 4 月 29 日第九届全国人民代表大会常务委员会第二次会议《关于修改〈中华人民共和国森林法〉的决定》第一次修正，根据 2009 年 8 月 27 日第十一届全国人民代表大会常务委员会第十次会议《关于修改部分法律的决定》第二次修正，2019 年 12 月 28 日第十三届全国人民代表大会常务委员会第十五次会议修订。

4.《中华人民共和国森林法实施条例》

《中华人民共和国森林法实施条例》是为了保护森林资源而制定的法规。2000 年 1 月 29 日国务院发布《中华人民共和国森林法实施条例》，自 2000 年 1 月 29 日起施行。2016 年 2 月 6 日，根据《国务院关于修改部分行政法规的决定》（中华人民共和国国务院令第 666 号）修改了《中华人民共和国森林法实施条例》，自 2016 年 2 月 6 日起施行。2018 年 3 月 19 日，根据《国务院关于修改和废止部分行政法规的决定》（中华人民共和国国务院令第 698 号）修改了《中华人民共和国森林法实施条例》，自 2018 年 3 月 19 日起施行。

5.《中华人民共和国水法》

《中华人民共和国水法》是为了合理开发、利用、节约和保护水资源，防治水害，实现水资源的可持续利用，适应国民经济和社会发展的需要而制定的法规。由第九届全国人民代表大会常务委员会第二十九次会议于 2002 年 8 月 29 日修订通过，自 2002 年 10 月 1 日起施行。根据 2016 年 7 月 2 日第十二届全国人民代表大会常务委员会第二十一次会议《关于修改〈中华人民共和国节约能源法〉等六部法律的决定》第二次修正。

6.《中华人民共和国海域使用管理法》

《中华人民共和国海域使用管理法》由中华人民共和国第九届全国人民代表大会常务委员会第二十四次会议于 2001 年 10 月 27 日通过，自 2002 年 1 月 1 日起施行。

7.《中华人民共和国环境保护法》

《中华人民共和国环境保护法》由第十二届全国人民代表大会常务委员会第八次会议于 2014 年 4 月 24 日修订通过，自 2015 年 1 月 1 日起施行。

8.《中华人民共和国海洋环境保护法》

《中华人民共和国海洋环境保护法》是为了保护和改善海洋环境、保护海洋资源、防治污染损害、维护生态平衡、保障人体健康、促进经济和社会的可持续发展而制定的法律。1982 年 8 月 23 日，第五届全国人民代表大会常务委员会第二十四次会议通过。由中华人民共和国第九届全国人民代表大会常务委员会第十三次会议于 1999 年 12 月 25 日修订通过，自 2000 年 4 月 1 日起施行。2017 年 11 月 4 日，第十二届全国人民代表大会常务委员会第三十次会议决定对《中华人民共和国海洋环境保护法》作出修改，自 2017 年 11 月 5 日起施行。

同时，各沿海地区在依据以上法律法规的基础上，还应按照各地区的管理法规执行。

3.5　配套制度建设

除严格执行已有相关配套制度外，还要进一步建设完善海岸资源管理、海岸线管理等配套制度，实现我国自然海岸的长效管理。

3.5.1　海岸线监测与监管制度建设

海岸线监测与监管制度建设以基准岸线和新增岸线两大管理体系为基本思想。主要技术路线包括：一是通过规范岸线的起止点及其主要拐点标定、测绘方法，构建岸线监测与监管体系；二是构建自然岸线保有率核算方法体系，解决争议最大的自然岸线资源保有率如何计算的海岸线管理实际问题；三是建立自然岸线占补平衡管理机制等配套制度。在新形势下，本章形成了一套涵盖方法体系、技术规范、制度建设，较为全面的、操作性较强的海岸线科学治理体系。

（1）建立了基准岸线标定制度。能够摸清基准岸线的底数，掌握基准自然岸线的基本状况并能测定基准自然岸线保有率的底线。

（2）建立了海岸线监测与监管制度。对海岸线科学监测、有效监管是对自然岸线有效保护，是人工岸线统筹管理、科学利用的重要抓手。

（3）构建了自然岸线保有率核算方法。能够把控和监管自然岸线保有率的底线，有效解决岸线管理上存在的历史遗留问题。

（4）建立了自然岸线占补平衡管理机制。为国家重大发展战略留有空间，科学管控新增岸线，鼓励新增岸线向生态化、亲海化、集约化方向发展。

海岸线监测与监管制度建设方案如下。

1. 岸线标定

《海岸线调查统计技术规程（试行）》对自然岸线和人工岸线进行了定义。本书不对其进行突破，沿用该规程对自然岸线和人工岸线的定义展开基准岸线标定。一条完整的基准岸线是由起点、止点、拐点、岸线长度、岸线类型等信息组成。

基准岸线是以某年法定管理岸线为基准的海岸线。一般采用政府公布管理岸线或海洋功能区划岸线为基准，全国基准岸线为同一基准年。

1）岸线起止点标定

岸线起止点标定的任务是明确标定岸线的起止点分为起点和止点。起点，针对不同海区特征，从西或南以显著构筑特征边界或显著自然本底特征边界进行标定。包括唯一代码、经纬度坐标、隶属行政区、岸线表征、是否为勘界点、方向（西或南）等属性。止点，以起点开始向东或北，至该岸线表征结束为止进行标定。包括唯一代码、经纬度坐标、隶属行政区、岸线表征、是否为勘界点、方向（西或南）等属性。

若起止点位于行政勘界点处，但该岸线表征为结束的情况下，将勘界点确定为起点或止点。

2）岸线测绘

岸线测绘的任务是标定岸线主要拐点，并以起点开始从西到东或南到北连接各个主要拐点至止点结束，测量连线的长度。连线总长即为该类岸线标定的长度。主要拐点包括隶属代码、经纬度坐标、隶属行政区、岸线表征等属性。

主要拐点是表现岸线形态和本底特征的关键节点，数量以能表现岸线形态为宜，可适当加密或删减。

3）基准岸线标定

（1）自然岸线。

《海岸线调查统计技术规程（试行）》中定义了自然岸线，是由海陆相互作用形成的海岸线，包括砂质岸线、淤泥质岸线、基岩岸线等原生岸线，以及整治修复后具有自然形态特征和生态功能的岸线。本书将生物岸线也纳入自然岸线体系。

A．砂质岸线基准标定指标。

本底特征：组成物质为粒径介于 0.063～2mm 的松散沙、砾等沉积物质。

形成机制：平原的堆积物质被搬运到海岸边，经波浪或风的改造堆积所形成。

地貌类型：常形成沿海沙丘、沙嘴、连岛沙坝、沿岸沙坝、潮汐汊道，以及沿岸链状沙岛和潟湖。

岸线形态：岸线比较平直。

B．淤泥质岸线基准标定指标。

本底特征：组成物质为粒径介于 0.05～0.01mm 的较细泥沙沉积物。

形成机制：由江河携带入海的大量细颗粒泥沙，在波浪和潮流作用下输运沉积所形成。

地貌类型：潮滩地貌。

岸线形态：岸线平直，地势平坦。

C．基岩岸线基准标定指标。

本底特征：潮间带底质以基岩为主，一般是陆地山脉后丘陵延伸且直接与海面相交。

形成机制：由第四纪冰川后期海平面上升，淹没了沿岸的基岩山体、河谷，再经过长期的海洋动力过程作用形成岬角、港湾。

地貌类型：地势陡峭，深水逼岸，岸线曲折，岬湾相间且多有伸入陆地的天然港湾，沿岸岛屿众多。

岸线形态：岸线曲折度大。

D．生物岸线基准标定指标。

本底特征：由珊瑚礁和牡蛎礁等动物残骸构成或红树林与湿地草丛等植物群落构成。

形成机制：生物生长或动物残骸沉积。

地貌类型：珊瑚礁、红树林。

岸线形态：岸线曲折度大。

E．整治修复后具有自然形态特征和生态功能的岸线基准标定指标。

整治修复后具有自然形态特征和生态功能的岸线基准标定分为具有自然形态特征和具有生态功能两类岸线。具有自然形态特征岸线基准标定参照砂质岸线、淤泥质岸线、基岩岸线和生物岸线。本书对生态功能岸线基准指标进行标定。

本底特征：完全由人工构造而成的生态景观、生态海堤或长年积累下人工构筑物附着生物活体或提供生物栖息场所。

形成机制：人工构造。

地貌类型：灌木林、人工礁石、海藻或海草生物等。

岸线形态：岸线平直规整。

（2）人工岸线。

《海岸线调查统计技术规程（试行）》中定义人工岸线是由永久性构筑物组成的海岸线。按照用海类型，针对港口用海、围海养殖用海、工业用海进行基准标定，其余用海类型参照以上三类标定方法进行标定，这里不再一一说明。

A．港口用海岸线基准标定方法。

港口用海岸线组成部分：港区范围内除不具有停靠船舶防波堤以外直接与海水相接部分均为港口用海岸线，包括船舶停靠海堤、装卸码头、堆场等。

拐点标定：表现港口用海岸线组成部分基本形态的所有折点；弧形岸线折点数量应均匀分布且表现弧形线状为宜。

B．围海养殖用海岸线基准标定方法。

围海养殖用海岸线组成部分：大潮时露出海面被最内侧养殖围堰圈围的岸线。

拐点标定：表现围海养殖用海岸线组成部分基本形态的所有折点。

C．工业用海岸线基准标定方法。

工业用海岸线组成部分：用以工业生产区内直接与海水相接部分均为工业用海岸线。

拐点标定：表现工业用海岸线组成部分基本形态的所有折点；弧形岸线折点数量应均匀分布且以表现弧形线状为宜。

4）新增岸线标定

新增岸线是相对基准岸线而定义的，也就是说，新增岸线必须以基准岸线为基准，确定新增岸线的起点、止点、基准岸线表征、基准岸线类型、新增岸线表征、新增岸线类型等属性。每一条新增岸线都有一条基准岸线，一般为人工构造而成。

新增岸线是基于基准岸线而向海一侧延伸、圈围或填造等人工行为形成的岸线。

（1）自然岸线。

通过人工构造而形成的具有自然岸线表征的岸线，标定方法参照基准岸线中自然岸线的标定方法。

（2）人工岸线。

通过人工构造而形成的具有某种用途的岸线，标定方法参照基准岸线中人工岸线标定方法。

2．岸线监测与监管

对岸线科学监测、有效监管是对自然岸线有效保护，是人工岸线统筹管理、科学利用的重要抓手。因此，在上文对岸线标定的基础上，针对不同类型的岸线采用相应的监测和监管手段。建立岸线监测与监管平台，岸线的起止点、主要拐点、空间位置、属性等信息需通过岸线监测与监管平台管理入库。

1）基准岸线

基准岸线起止点、主要拐点勘测定位入库后，由地方政府自然资源管理部门负责监管工作，任何个人或单位不得改变起止点、主要拐点空间位置和属性。如有修改需求，应向自然资源部提交修改申请，审核通过方可修改。

（1）自然岸线监测与监管。

A．自然岸线监测。

对自然岸线的监测主要包括三个方面：一是对岸线本底特征的监测，按照一定周期在该类岸线范围内布设能够表现本底表征的采用站位，并进行本底分析，编写监测报告；二是对监测站位高程的监测；三是对岸线形态的监测，按照一定周期在该类岸线范围内能够判断海岸侵蚀程度的监测断面进行岸线形态分析，编写监测报告。

a. 砂质岸线。

监测目的：充分掌握砂质岸线本底特征变化情况，常态化监测海岸的侵蚀或淤积程度，分析海岸是否出现泥化、砾石覆盖、侵蚀或淤积等情况，为岸线整治修复提供支撑。

监测重点：本底特征、高程、海岸形态。

监测内容：砂质粒度分析、海岸侵蚀或淤积状况、高程变化。

监测周期：监测周期为一季。

监测方法：

① 砂质粒度分析。利用激光粒度仪分析粒径小于 2mm 的沉积物，筛析法和沉析法分析粒径大于 0.063mm 的沉积物，当粒径小于 0.063mm 的物质占 99% 以上时，可单独采用沉析法。

② 监测站位及断面布设。监测站位布设主要包括两种情况：一是在起止点及其主要拐点位置布设；二是易发生或已经发生泥质变化位置布设。对敏感区可适当加密站位。除上述两种情况外，可适当加设站位。监测断面布设方式为在本岸段范围内按照一定间隔均匀布设断面，断面数量应不少于 3 条；每条断面布设不少于 4 个采样点，同排采样点连线成本监测横截面。样点采样层次包括表层、0.5m 层、1.0m 层。

监测站位及断面布设完成后，实施严格监控，不得随意改动。

评价方法：绘制监测区"SOE 海滩监测指示图"（图 3-2），"指示图"充分反映监测区内海滩本底特征和侵蚀或淤积程度情况，能够直接表现出发生本底突变或侵蚀或淤积区域。

本底监测图绘制步骤：

① 绘制"指示图"监测区坐标系统，坐标系统方向为东"E"南"S"向，原点为"O"。

② 从起点、主要拐点和止点绘制海岸线。起止点用黑色实心点"●"表示，主要拐点用黑边空心点"○"表示；基准岸线用黑色实线线宽 2.0 磅"━"表示。

③ 至西向东绘制监测断面，在监测断面上绘制监测站位；监测断面用黑色实线线宽 1.0 磅"—"表示；采样点位用黑色叉"×"表示。

④ 连接同层监测站位绘制监测横截面；监测横截面用黑色虚线线宽 1.0 磅"---"表示。

⑤ 绘制发生变化的监测站位；淤泥质监测站位用黑边空心方框"□"表示；砾石监测站位用黑边空心三角"△"表示。

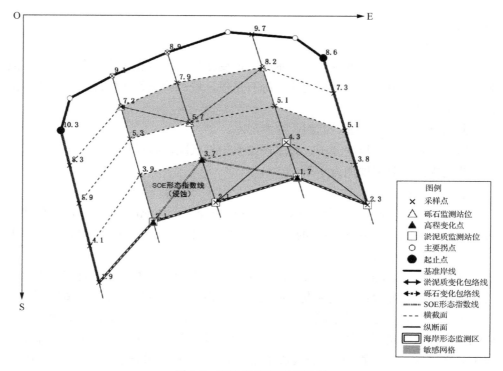

图 3-2　SOE 海滩监测指示图

⑥ 连接同类底质变化监测站位，绘制变化包络线并标注；淤泥质变化包络线用双箭头黑色实线线宽 1.0 磅" ↔ "表示；砾石变化包络线用双箭头黑色虚线宽 1.0 磅" ↔ "表示。

⑦ 变化包络线占用监测网格为敏感网格，应提高警惕，适当增加监测频率；敏感网格用灰色区块表示。

⑧ 连接基准岸线、起止点监测断面和各监测断面向海延伸最外侧监测站位，绘制海岸形态监测区；海岸形态监测区用黑色双实线宽 1.0 磅" ☐ "表示。

⑨ 绘制高程变化点，用黑色实心三角形" ▲ "表示。

海岸线侵蚀或淤积判断方法：

海岸线是否受到侵蚀或淤积，以三个监测数据作为判断依据。

① 本底变化情况。发生本底变化的监测站位记为"1"，未发生变化的记为"0"。

② 高程变化区间。采用高程测量设备测取监测站位高程并记录；高程增加记为"+实测数值"，降低记为"-实测数值"；与上次测量的相对高程为高程变化区间。

③ 海岸形态变化情况。海岸形态变化分析范围是基准岸线、起止点监测断面和各监测断面向海延伸最外侧监测站位所围区域。基准岸线不变，起止点监测断

面不变，最外侧边线形态因高程变化而变化。最外侧边线形态为初始线，SOE 形态指数线为变化线。SOE 形态指数线为同期监测站位 0<SOE<1 或 SOE<-1 的连线。

$$\text{SOE}_i = \frac{B_i}{\sum\limits_{k=1}^{4} G_i} \qquad (3\text{-}1)$$

式中，SOE_i 为海岸形态指数；B_i 为本底变化情况，取值 "1" 或 "0"；G_i 为一个季度监测高程；i 为第 i 个监测站位。当 0<SOE<1 时，说明海岸处于侵蚀状态；当 SOE<-1 时，说明海岸处于淤积状态；当 SOE=0 时，说明海岸基本状态未发生变化。

b. 淤泥质岸线。

监测目的：充分掌握淤泥质岸线本底特征变化情况，为岸线整治修复提供支撑。

监测重点：本底特征、高程。

监测内容：砂质粒度分析、海岸侵蚀或淤积状况、高程变化。

监测周期：监测周期为一季。

监测方法：参考砂质岸线的监测方法。

c. 基岩岸线。

监测目的：充分掌握基岩岸线本底特征变化情况，包括风化程度、裂隙发育程度、岩性组成等。为海岸加固、修复提供支撑。

监测重点：基岩海岸现状状况、稳定程度。

监测内容：岩体风化程度、裂隙发育程度、岩性组成。

监测周期：监测周期为两年。

划分方法：参照《工程岩体分级标准》（GB/T 50218—2014）。

岩体风化程度是指岩体在遭受物理、化学、生物等多种风化作用下，发生碎裂、层解、崩塌等作用后岩体遭受破坏的程度。裂隙发育程度是指岩体表面及内部节理、裂理等构造发育程度。岩性组成是指反映岩石特征的一些属性，如颜色、成分、结构、胶结物等，不同岩性组成的岩体其稳定性相差很大。岩体风化程度可按以下标准进行评判，如表 3-1 所示。

表 3-1　岩体风化程度评判标准

风化程度	描述
未风化	岩质新鲜，偶见风化痕迹
中等风化	结构部分破坏，沿节理面有次生矿物、风化裂隙发育，岩体被切割成岩块。用镐难挖，岩芯钻方可钻进
强风化	结构大部分被破坏，矿物成分显著变化，风化裂隙发育，岩体破碎，用镐可挖，干钻不易钻进
全风化	结构基本被破坏，但尚可辨认，有残余结构强度，可用镐挖，干钻可钻进

裂隙发育程度采用岩石质量指标（rock quality designation, RQD）进行评价。按 RQD 值的高低，将岩体裂隙发育程度划分为 4 类，如表 3-2 所示。

表 3-2　裂隙发育程度评判标准

RQD/%	裂隙发育程度
90～100	不发育
75～90	较发育
50～75	发育
25～50	强烈发育

岩性组成能够直接表现出岩体抵抗抗风化作用前的强度，进而反映出岩体的稳定。岩性组成可按下列标准进行评判，如表 3-3 所示。

表 3-3　岩性组成评判标准

岩体稳定性	岩性		
	火山岩	沉积岩	变质岩
极稳定	酸性岩	陆源碎屑岩	高级变质岩
稳定	中性岩	火山碎屑岩	接触变质岩
较稳定	基性岩	碳酸盐岩	中级变质岩
不稳定	超基性岩	生物沉积岩	低级变质岩、动力变质岩

d. 生物岸线。

监测目的：充分掌握生物岸线生存环境、群落结构等变化情况，为海岸治理提供支撑。

监测重点：生存环境、群落结构。

监测内容：面积、离岸距离、土壤、水质、群落结构。

监测周期：监测周期为一年。

监测方法：利用遥感影像监测红树林、珊瑚礁、翅碱蓬等植物的面积、离岸距离数据；对以上植物的生存环境要素进行采样分析；不同生物监测要素评价因子如表 3-4 所示。

表 3-4　评价因子参考表

重点监测要素	评价因子
面积/hm^2	生物总面积、退化面积
离岸距离/km	核心区到基准岸线距离
群落结构	丰度、优势种比例、多样性指数、生物盖度等

续表

重点监测要素	评价因子
土壤	土壤结构、土壤盐度、土壤 pH、硫化物、土壤总有机碳、土壤养分、沉积物重金属含量
水质	盐度、COD、BOD、DO、pH、无机氮、活性磷等。

注：COD 为化学需氧量（chemical oxygen demand）；BOD 为生物需氧量（biological oxygen demand）；DO 为溶解氧（dissolved oxygen）。

e. 整治修复后具有自然形态特征和生态功能的岸线。

监测目的：充分掌握生物岸线生存环境、群落结构等变化情况，常态化监测海岸的侵蚀或淤积程度，分析海岸是否出现泥化、砾石覆盖、侵蚀或淤积等情况，为海岸治理提供支撑。

监测重点：本底特征、高程、海岸形态、生物生存环境及群落结构。

监测内容：砂质岸线，砂质粒度分析、海岸侵蚀或淤积状况、高程变化；生物岸线，面积、离岸距离、土壤、水质、群落结构。

监测周期：砂质或淤泥质岸线监测周期为一季；生物岸线监测周期为一年。

监测方法：砂质岸线参考自然岸线中砂质岸线的监测方法；生物岸线参考自然岸线中生物岸线的监测方法。

B. 自然岸线监管。

对自然岸线的监管有两方面：一是人工构筑物建设监管，严禁占用自然岸线进行人工构筑物建设；严控在自然岸线周边进行人工构筑物建设；允许适当实施修复岸线工程。二是岸线类型监管，严禁改变自然岸线基准类型，若有迫切需求需要修改，提交国务院申请，审核通过方可修改。

岸线整治修复后被认定为具有自然形态特征和生态功能的岸线，具有自然岸线本底特征和形态特征的岸线参照以上自然岸线监管措施；具有生态功能岸线，在充分论证的基础上，可适当改变或修复岸线的功能性，但不得改变岸线类型。

（2）人工岸线监测与监管。

A. 人工岸线监测。

监测目的：掌握人工构筑物造成的本底沉积、变化情况，从而分析本底淤积和沉积物污染情况。

监测重点：沉积物污染。

监测内容：沉积物粒径运移趋势、沉积物质量。

监测方法：

① 沉积物底质粒径分析。采用激光粒度分析仪对沉积物底质粒径进行分析，利用 Gao-Collins 模型分析监测区沉积物粒径运移趋势。

② 沉积物质量分析。海洋沉积物质量参考《海洋调查规范》（GB/T 12763—2007）、《海洋监测规范》（GB /T 17378—2007）。

B. 人工岸线监管。

不得随便改变岸线用海类型，新建构筑物应对产业需求、用海类型符合性等进行充分论证。

2）新增岸线

（1）新增岸线起止点及其主要拐点的监测与监管。

新增岸线起止点及其主要拐点应严格按照前文岸线起止点标定方法和岸线测绘方法进行标定和测绘。起止点的选址应经过科学论证，对产业需求、用海类型符合性、周边环境适宜性等方面重点论证；主要拐点的设计与标定应符合项目海域使用论证要求。新增岸线起止点及其主要拐点标定后入库，按照起止点及其主要拐点的监测与监管要求管理。

（2）新增自然岸线监测与监管。

按照自然岸线标定要求对新增岸线进行认定，被认定自然岸线后纳入自然岸线同类型进行监测和监管。一般情况下，新增自然岸线方式有以下两种情况。

① 在基准自然岸线基础上开展整治修复工作，对自然岸线的本底和形态进行修复。

② 在基准人工岸线基础上开展生态修复工作，形成具有自然形态特征和生态功能的岸线。

（3）新增人工岸线监测与监管。

按照人工岸线标定要求对人工岸线进行认定，被认定人工岸线后纳入人工岸线同类型进行监测和监管。一般情况下，新增人工岸线方式主要是新建人工构筑物。

3. 自然岸线保有率核算方法

基于以上研究基础，自然岸线保有率由两部分组成，包括基准自然岸线保有率和新增自然岸线保有率。计算方法如下。

公式1：自然岸线保有率 = 基准自然岸线保有率 + 新增自然岸线保有率

公式2：基准自然岸线保有率 = $\dfrac{\text{本行政区基准自然岸线总长}}{\text{本行政区基准岸线总长}}$

公式3：新增自然岸线保有率 = $\dfrac{\text{本行政区新增自然岸线总长}}{\text{本行政区基准岸线总长 + 新增岸线总长}}$

公式4：本行政区基准自然岸线总长度
= 基准砂质岸线 + 基准淤泥质岸线 + 基准基岩岸线 + 基准生物岸线
+ 基准整治修复后具有自然形态特征和生态功能的岸线

公式5：本行政区新增自然岸线总长度
　　　　＝新增砂质岸线＋新增淤泥质岸线＋新增基岩岸线＋新增生物岸线
　　　　＋新增整治修复后具有自然形态特征和生态功能的岸线
公式6：本行政区基准岸线总长＝基准自然岸线＋基准人工岸线
公式7：本行政区新增岸线总长＝新增自然岸线＋新增人工岸线
备注：以上公式核算周期为一年，若扩大核算周期应逐年累计。

上述公式 1～公式 7 表述了自然岸线保有率核算方法，总体思想是分为基准自然岸线保有率和新增自然岸线保有率两部分核算体系。当基准岸线确定后，一般情况下核算指标不发生变动，基准自然岸线保有率即为固定值。基准自然岸线保有率为底线，以新增自然岸线保有率为主要考核指标。假设某省基准自然岸线保有率为 31%，为达到自然岸线保有率 35%的管理要求，该省必须开展岸线整治修复工作新增自然岸线。若该省累计新增自然岸线保有率为 5%，那么，该省最终自然岸线保有率为 36%。

该核算方法的优势是能够摸清基准岸线的底数，掌握基准自然岸线的基本状况并能测定基准自然岸线保有率的底线。既能把控和监管自然岸线保有率的底线，又能有效解决岸线管理上存在的历史遗留问题。在此基础上，将科学管控新增岸线，鼓励新增岸线向生态化、亲海化、集约化方向发展。

4. 自然岸线占补平衡管理机制

为保障岸线的科学利用，完善海岸线监测与监管体系，应建立自然岸线占补平衡管理机制。为满足国家重大战略需求而必须占用自然岸线时，应实施自然岸线的占补平衡。具体方案如下。

（1）占用基准自然岸线。核减本年度基准岸线中自然岸线数量，人工构筑物建设完成后形成的人工岸线作为本年度新增人工岸线核算；重新核算本年度基准自然岸线保有率和新增自然岸线保有率，并加和求得该年度的自然岸线保有率，以后计算以该年度为基准年核算。

（2）占用新增自然岸线。核减上年度新增岸线中自然岸线数量，人工构筑物建设完成后形成的人工岸线作为本年度新增人工岸线核算；重新核算上年度新增自然岸线保有率，求得本年度的自然岸线保有率。

（3）衡量占补。衡量占补是实施自然岸线占补平衡管理机制的主要方式。衡量占补是补充自然岸线数量不少于占用自然岸线数量。补充自然岸线数量作为本年度新增自然岸线数量核算。

3.5.2　海岸资源分类管理制度建设

海域资源是国民经济和社会发展的重要保障，对海洋强国建设和中华民族伟大复兴具有十分重要的意义[59]。陆海统筹的关键在于高效整合和优化配置陆海资源，统筹陆海基础设施建设、产业发展、资源要素配置和生态环境保护[60-63]。目前，陆海统筹不可简化为海岸线问题[64]，传统单一的海岸管理模式无法满足海洋开发的需求[65]，如何建立和完善空间治理体系，健全管理和协调组织机构，实现国家对海岸资源宏观调控和统一决策[30]，也是近年来众多学者研究的课题和方向。海岸资源分类管理制度建设方案如下。

1. 海岸资源统筹管理原则

统筹规划，均衡发展。海岸资源的统筹管理是在陆海统筹理论下的统筹管理理念。应理清海洋开发与陆地开发的协调关系，明确陆海联动发展思路，统筹规划，从而实现陆海均衡发展。

资源重组，优化配置。实现陆海资源的高效使用，建立陆海资源重组机制，统筹资源，掌握资源之间的联动性，有效地掌控资源实际存量。从可持续发展的角度思考资源配置模式，实现资源科学利用。

区域整合，统筹管理。科学处理区域和产业发展，形成陆域和海域统一的管理区域，充分发挥海陆互动作用。从宏观上调节区域发展需求，统筹管理，促进产业结构优化升级，实现区域的高质量发展。

2. 海岸资源统筹管理内容

区域统筹管理。建立省级自然资源管理机构直属的海岸管理机构，形成省域自然资源的垂直管理机制。统筹规划陆域和海域发展空间，统一部署，统一从根本上解决陆海统筹发展的基本问题。建立以海岸资源管理台账为抓手的政府离任审计制度，实现海岸资源精细化管理和高效利用，促进区域社会经济的可持续发展[20]。

资源统筹配置。基于陆域海域空间资源管理的整体性和联动性，结合海岸区域的资源使用特征，建立海岸资源重组机制。

区域资源管理技术融合。通过建立海岸资源分类体系、资源核算指标体系、核算模型、监测指标体系等统一技术标准及配套制度，实现陆域资源和海域资源数据信息的技术融合，构建统一的数据体系和管理系统，为海岸区域的统筹规划、资源管理台账的建立提供技术支持。

3. 海岸资源监测与监管

将原有陆域、海域资源归类重组，形成海岸资源类型。海岸资源分为一级资源和二级资源，一级资源包括水资源，农用资源，林、草资源，城镇、工矿开发资源，港口开发资源和其他开发资源。每个一级资源类型下设二级资源类型。海岸资源分类体系见表 3-5。

表 3-5　海岸资源分类体系

一级资源类型	二级资源类型	监测与监管指标	备注
水资源	淡水资源	水质、水位、面积	包括河流、水库坑塘等地表水
	滩涂湿地	生物种类、种群数量、植被面积、滩涂湿地面积	包括内陆滩涂、湿地和滨海滩涂、湿地
	海域	水质、沉积物、生物质量、生物种类、种群数量、水深	管辖海域
农用资源	耕地	作物种类、产量、土壤环境、病虫害、面积	—
	渔业养殖水域	养殖种类、产量、水质环境、面积	—
林、草资源	林地资源	类型、品种、土壤环境、病虫害、面积	—
	草地资源	类型、土壤环境、病虫害、面积	—
城镇、工矿开发资源	城镇开发土地资源	开发类型、面积	包括城镇居民开发资源、旅游开发资源和具有城镇开发用途的海域资源
	工业开发土地资源	开发类型、面积	包括工业开发资源和具有工业开发用途的海域资源
	未开发土地资源	面积	未利用土地
港口开发资源	港口资源	面积	已运营的包括陆域和水域的港口开发资源
其他开发资源	—	开发类型、面积	除以上资源以外的用作开发的资源，包括陆域和海域两部分

注：表中关于面积的单位为 hm²，水深的单位为 m，其他计量单位以指标常规统计单位为准。

1）淡水资源

监测方法：以现行国家和水利部颁布的一系列技术标准为准则。淡水资源标准名录如表 3-6 所示。

表 3-6　淡水资源标准名录

标准编号	名称
SL 219—2013	水环境监测规范
SL 88—2012	水质 叶绿素的测定 分光光度法
SL 562—2011	水能资源调查评价导则
SL 365—2015	水资源水量监测技术导则
GB/T 51051—2014	水资源规划规范
GB/T 30943—2014	水资源术语
GB/T 33113—2016	水资源管理信息对象代码编制规范
SL 613—2013	水资源保护规划编制规程
SL/T 427—2021	水资源监测数据传输规约
SL/T 426—2021	水量计量设备基本技术条件
SL 42—2010	河流泥沙颗粒分析规程
GB/T 50138—2010	水位观测标准

监管制度：依据《中华人民共和国水法》，县级以上地方人民政府有关部门按照职责分工，负责本行政区域内水资源开发、利用、节约和保护的有关工作。海岸自然资源环境管理处负责淡水资源核算工作，为最终归口，统一发布。

评级方法：以单一景观为评价单元，分别计算水质环境的优、良、差面积，乘以淡水资源综合系数，得到单一淡水资源景观的优、良、差面积，加和后计入海岸资源类型核算台账。

核算方法如下。

$$S_i = w_i a \tag{3-2a}$$

$$S_j = \sum_{j=1}^{n} S_i \tag{3-2b}$$

式中，S_i 为单一淡水资源景观的优、良、差计算面积；w_i 为水质优、良、差计算面积；a 为淡水资源综合系数；S_j 为淡水资源的优、良、差总面积；n 为淡水资源景观数量。i、j 为优、良、差三级。淡水资源综合系数 a 的指标体系见表 3-7。

考核标准：按照海岸资源类型核算台账核算周期，每两年一次，实施中期核算和终期核算，对责任部门实施任期内的中期考核和终期考核。考核指标如下。

（1）中期考核。

① 工作考核。按照计划和工作方案进度实施工作，考核为合格。

表 3-7　淡水资源综合系数 a 的指标体系

评价指标	评判标准	分值设定			
		优	良	差	权重
水质	分为 3 等级，优、良、差	1	0.5	0	0.20
水位	分为 3 等级，正常、低于正常、警戒水位及以下	1	0.5	0	0.20
水量	分为 3 等级，充足、低于正常、不足	1	0.5	0	0.20
防灾减灾预案	分为 3 等级，可控、存在风险、不可控	1	0.5	0	0.15
规划	分为 3 等级，科学合理、一般、不合理	1	0.5	0	0.10
面积	分为 3 等级，合理增加、占补平衡、减少	1	0.5	0	0.15
a	指标加权平均。u_i 为指标分值，f_i 为权重值：$$a = \sum_{i=1}^{n} u_i f_i \, (i = 1, 2, \cdots)$$	1～0			1.00

② 淡水资源优、良、差面积考核。淡水资源优面积合理增加，考核为优；淡水资源良面积占补平衡，考核为合格；淡水资源差面积减少，考核为不合格。

（2）终期考核。

① 工作考核。完成计划和工作方案中明确的工作内容，考核为合格。

② 淡水资源优、良、差面积考核。淡水资源优面积合理增加，考核为优；淡水资源良面积占补平衡，考核为合格；淡水资源差面积减少，考核为不合格。

③ 约束性考核。责任部门出现诚信、廉政、未履行职责等现象，考核为不合格。

④ 复核机制。对以下情况责任部门复核考核结果：出现不可抗力，如天然灾害等；因其他部门渎职等因素，影响了考核结果；修正计划、工作方案、工作机制调整等因素，促使考核指标出现向好的发展趋势，可适当将不合格调整为合格。

⑤ 奖惩机制。考核结果分为优、合格和不合格三个标准。考核为优，除授予荣誉奖励外，将任期内年工资绩效提高 10%；考核为合格，可针对单项指标的完成情况进行适当荣誉奖励；考核为不合格，机构内通报，包括责任部门和个人，将任期内年工资绩效降低 5%。

2）滩涂湿地资源

监测方法：以现行国家颁布的一系列技术标准为准则。滩涂湿地资源标准名录如表 3-8 所示。

表 3-8　滩涂湿地资源标准名录

标准编号	名称
SL 389—2008	滩涂治理工程技术规范
LY/T 1755—2008	国家湿地公园建设规范
HY/T 080—2005	滨海湿地生态监测技术规程

监管制度：依据《湿地保护管理规定》，县级以上地方人民政府林业主管部门按照有关规定负责本行政区域内的湿地保护管理工作。海岸自然资源环境管理处负责滩涂湿地资源核算工作，为最终归口，统一发布。

评级方法：以单一景观为评价单元，建立生物种类、种群数量、植被概率等为评价指标的滩涂湿地景观优、良、差区域划分体系，计算滩涂湿地景观的优、良、差面积，计入海岸资源类型核算台账。

考核标准：参考淡水资源的考核标准。

3）海域资源

监测方法：以现行国家及行业颁布的一系列技术标准为准则。海域资源标准名录如表 3-9 所示。

表 3-9　海域资源标准名录

标准编号	名称
HY/T 086—2005	陆源入海排污口及邻近海域生态环境评价指南
HY/T 076—2005	陆源入海排污口及邻近海域监测技术规程
HY/T 215—2017	近岸海域海洋生物多样性评价技术指南
HY/T 087—2005	近岸海洋生态健康评价指南
HY/T 077—2005	江河入海污染物总量监测技术规程
HY/T 214—2017	红树林植被恢复技术指南
HY/T 081—2005	红树林生态监测技术规程
HY/T 085—2005	河口生态系统监测技术规程
HY 070—2003	海域使用面积测量规范
HY/T 123—2009	海域使用分类
HY/T 0288—2020	海域价格评估技术规范
HY/T 146—2011	海洋主体功能区区划技术规程

续表

标准编号	名称
HY/T 0293—2020	海洋灾害应急响应启动等级
HY/T 095—2007	海洋溢油生态损害评估技术导则
HY/T 244—2018	海洋调查标准体系
HY/T 117—2010	海洋特别保护区分类分级标准
HY/T 078—2005	海洋生物质量监测技术规程
HY/T 160—2013	海洋经济指标体系
HY/T 128—2010	海洋经济生物质量风险评价指南
HY/T 0277—2019	海洋经济评估技术规程
HY/T 147.7—2013	海洋监测技术规程　第 7 部分：卫星遥感技术方法
HY/T 147.6—2013	海洋监测技术规程　第 6 部分：海洋水文、气象与海冰
HY/T 147.5—2013	海洋监测技术规程　第 5 部分：海洋生态
HY/T 147.4—2013	海洋监测技术规程　第 4 部分：海洋大气
HY/T 147.3—2013	海洋监测技术规程　第 3 部分：生物体
HY/T 147.2—2013	海洋监测技术规程　第 2 部分：沉积物
HY/T 147.1—2013	海洋监测技术规程　第 1 部分：海水
HY/T 234—2018	海洋环境监测数据量统计规范
HY/T 235—2018	海洋环境放射性核素监测技术规程
HY/T 130—2010	海洋高技术产业分类
DZ/T 0327—2019	海洋地质取样技术规程
HY/T 0286—2020	海洋岸滩石油污染微生物修复指南
HY/T 084—2005	海湾生态监测技术规程
HY/T 254—2018	海滩质量评价与分级
HY/T 255—2018	海滩养护与修复技术指南
HY/T 129—2010	海水综合利用工程废水排放海域水质影响评价方法
HY/T 0276—2019	海水浴场监测与评价指南
DZ/T 0252—2020	海上石油天然气储量估算规范
HY/T 227—2018	海平面上升影响脆弱区评估技术指南
HY/T 124—2009	海籍调查规范
HY/T 083—2005	海草床生态监测技术规程
HY/T 0282—2020	风暴潮灾害重点防御区划定技术导则
HY/T 154—2013	大陆架与专属经济区划界技术资料要求
HY/T 080—2005	滨海湿地生态监测技术规程
HY/T 0298—2020	滨海旅游区裂流灾害风险排查技术规程

标准编号	名称
HY/T 127—2010	滨海旅游度假区环境评价指南
HY/T 251—2018	宗海图编绘技术规范
HY/T 250—2018	无居民海岛开发利用测量规范
HY/T 082—2005	珊瑚礁生态监测技术规程
HY/T 148—2013	区域建设用海规划编制规范

监管制度：依据《中华人民共和国海域使用管理法》，沿海县级以上地方人民政府海洋行政主管部门根据授权，负责本行政区毗邻海域使用的监督管理。海岸自然资源环境管理处负责海域资源核算工作，为最终归口，统一发布。

评级方法：依据海域资源环境评价方法体系实施评价，计算海域资源的优、良、差面积，计入海岸资源类型核算台账。

考核标准：参考淡水资源的考核标准。

4）耕地、渔业养殖水域、林地资源、草地资源、城镇开发土地资源、工业开发土地资源、未开发土地资源

监测方法：以现行国家及行业颁布的一系列技术标准为准则。土地使用资源标准名录如表 3-10 所示。

表 3-10   土地使用资源标准名录

标准编号	名称
TD/T 1011—2000	土地开发整理规划编制规程
TD/T 1007—2003	耕地后备资源调查与评价技术规程
TD/T 1016—2003	国土资源信息核心元数据标准
TD/T 1008—2007	土地勘测定界规程
TD/T 1009—2007	城市地价动态监测技术规范
TD/T 1018—2008	建设用地节约集约利用评价规程
TD/T 1023—2010	市（地）级土地利用总体规划编制规程
TD/T 1024—2010	县级土地利用总体规划编制规程
TD/T 1025—2010	乡（镇）土地利用总体规划编制规程
TD/T 1029—2010	开发区土地集约利用评价规程
TD/T 1032—2011	基本农田划定技术规程
TD/T 1001—2012	地籍调查规程
TD/T 1033—2012	高标准基本农田建设标准
TD/T 1034—2013	市（地）级土地整治规划编制规程
TD/T 1035—2013	县级土地整治规划编制规程

续表

标准编号	名称
TD/T 1036—2013	土地复垦质量控制标准
TD/T 1052—2017	标定地价规程
TD/T 1053—2017	农用地质量分等数据库标准
TD/T 1056—2019	县级国土调查生产成本定额
TD/T 1059—2020	全民所有土地资源资产核算技术规程

监管制度：依据《中华人民共和国海域使用管理法》，县级以上地方人民政府自然资源主管部门的设置及其职责，由省、自治区、直辖市人民政府根据国务院有关规定确定。海岸自然资源环境管理处负责耕地核算工作，为最终归口，统一发布。

评级方法：依据土地资源环境评价方法体系实施评价，计算土地资源的优、良、差面积，计入海岸资源类型核算台账。

考核标准：参考淡水资源的考核标准。

5）港口资源

监测方法：以现行国家及行业颁布的一系列技术标准为准则。港口资源标准名录如表 3-11 所示。

表 3-11 港口资源标准名录

标准编号	名称
JTS 217—2018	港口设备安装工程技术规范
JTS 310—2013	港口设施维护技术规范
JT/T 1146.3—2018	交通运输专项规划环境影响评价技术规范 第 3 部分：内河航道建设规划
JTS 145—2—2013	海港水文规范
JTS 149—2018	水运工程环境保护设计规范
JTS 131—2012	水运工程测量规范

监管制度：依据《中华人民共和国港口法》，地方人民政府对本行政区域内港口的管理，按照国务院关于港口管理体制的规定执行。海岸自然资源环境管理处负责海域资源核算工作，为最终归口，统一发布。

评级方法：依据《港口规划管理规定》及港口资源环境评价方法体系实施评价，计算港口资源的优、良、差面积，计入海岸资源类型核算台账。

考核标准：参考淡水资源的考核标准。

6）其他开发资源

监测方法：参考耕地、渔业养殖水域、林地资源等的监测方法。

监管制度：参考耕地、渔业养殖水域、林地资源等的监管制度。

评级方法：参考耕地、渔业养殖水域、林地资源等的评级方法。

考核标准：参考淡水资源的考核标准。

4. 建立海岸资源保护适宜性评价制度

根据海岸资源的自然属性、功能属性、管理属性，充分考虑海岸的自然条件、生态功能、景观价值、资源稀缺性等因素，建立海岸资源保护适宜性评价体系。体系包括三方面评价因素、12 个评价指标及 25 项评价因子（表 3-12）。按资源景观生态价值、资源开发利用程度、海岸损害程度实施海岸资源保护适宜性评价，将海岸资源保护划分为严格保护、限制开发和优化利用三个级别（表 3-13）。在此基础上，建立海岸资源保护适宜性评价制度，针对不同保护级别提出保护与利用管理要求。

表 3-12　海岸资源保护适宜性评价指标及权重

评价因素	评价指标	评价因子	权重	评价标准
资源景观生态价值	景观破碎化程度	景观破碎度、斑块所占景观面积的比例、香农多样性指数	1/3	高、中、低
	生态功能重要性	生物多样性维护功能重要性、水源涵养功能重要性、水土保持功能重要性、防风固沙功能重要性、海岸防护、海洋生态系统层次、海洋生物多样性等		
	生态脆弱性	土地沙化脆弱性、土壤侵蚀脆弱性、海岸侵蚀		
资源开发利用程度	资源开发强度	资源开发强度指数	1/3	高、中、低
	产业发展结构	支柱产业占国内生产总值的比例		
	毗邻海岸城镇化水平	城镇化速率		
	毗邻海岸社会经济发展水平	近 5 年人均国内生产总值增长速率		
海岸损害程度	海岸形态	海岸形态指数	1/3	高、中、低
	海岸地质结构	岩体风化等级、裂隙发育程度、海岸稳定性		
	近岸海水动力	海浪、海流		
	海岸受损程度	海岸受损指数		
	海岸规模	海岸长度		

表 3-13　海岸资源保护级别划分标准

评价因素	资源开发利用程度	海岸损害程度	保护级别
资源开发利用程度、海岸损害程度	高	高	限制开发
	高	中	限制开发
	高	低	优化利用
	中	高	限制开发
	中	中	优化利用
	中	低	优化利用
	低	高	限制开发
	低	中	优化利用
	低	低	优化利用
资源景观生态价值	资源景观生态价值"中"级以上等级均为严格保护		

1）严格保护海岸资源的管理要求

严格保护海岸资源，主要为国家级、地方级资源保护区或景观生态价值在"中"级以上的资源区域。禁止任何改变资源自然属性、功能、范围的开发利用活动。总量不得减少，存量严格管控，增量适度增加。鼓励建立资源保护区，支持提升资源价值的海洋公园、地质公园建设。

2）限制开发海岸资源的管理要求

限制开发海岸资源，主要为资源开发利用程度高、海岸损害程度高的资源区域。控制资源开发强度高的活动，限制开发活动规模，严禁破坏资源的行为，鼓励适度修复受损资源。

3）优化利用海岸资源的管理要求

建立项目准入条件，编制企业负面清单。科学规划，鼓励创新产业、清洁能源产业发展；优化资源配置，调整产业结构，大力推进企业转型升级。

5. 构建海岸资源物质量核算体系

对资源总量、存量和新增实施物质量核算，建立海岸资源物质量管理台账，账户信息见表 3-14。资源总量为计算年某类资源的存量面积与同年新增面积之和。为保证存量面积的有效管理，存量面积与新增面积分支计算。也就是说，存量面积不与新增面积做累加计算，计算年的存量面积为当年实际的存量面积，用减少面积来衡量资源管理的有效性，以资源减少率作为政府绩效考核的标准。新增面积做累加计算，以增长率作为政府绩效考核的标准。在此基础上，构建海岸资源物质量核算体系，对存量面积和新增面积实施分类管理。物质量核算方法如下：

$$资源总量 = 存量面积 + 新增面积$$

$$减少面积 = 计算年存量面积 - 上年存量面积$$

$$资源减少率 = \frac{减少面积}{上年存量面积} \times 100\%$$

$$资源增长率 = \frac{计算年新增面积 - 上年新增面积}{上年新增面积} \times 100\%$$

表 3-14　海岸资源物质量管理账户信息表

资源类型		资源总量 /hm²	存量面积 /hm²	新增面积 /hm²	减少面积 /hm²	保护级别	用途管制
一级类型	二级类型						
水资源	淡水资源						
	滩涂湿地						
	海域						
农用资源	耕地						
	渔业养殖水域						
林、草资源	林地资源						
	草地资源						
城镇、工矿开发资源	城镇开发土地资源						
	工业开发土地资源						
	未开发土地资源						
港口开发资源	港口资源						
其他开发资源	—						

6. 建立海岸资源保育与修复管理制度

海岸生态系统结构复杂，空间分布连续性较强，尺度不一。尤其是海洋生态系统，常常出现跨行政区、跨管辖海域的情况。构建"陆海联动、区域协同"的陆海一体化资源修复体系，形成陆海统筹下的海岸资源保育与修复新格局，实现陆海资源的可持续发展。

（1）连通陆海生态安全屏障。以"陆海联动、区域协同"为原则，着力维护海岸生态系统的多样性与自然景观的完整性；通过开展资源保育与修复工程，打通陆海生态廊道，修复生态景观，建立坚固的陆海生态安全屏障。

（2）建立基于陆海统筹的资源保育与修复技术体系。整合陆域和海域的资源修复技术体系，针对海岸资源自然特征，结合海岸独特的地理优势，实施损害评估，分析损害成因，明确修复重点和目标，整体布局，合理规划，建立一套科学、完整的海岸资源修复技术体系。

（3）加强修复效果评估。建立修复效果评价指标体系，实施修复事中、事后监测与监管，统一评价标准，从自然恢复效果、生态价值提升、社会效益等方面综合分析科学评估资源修复成效。

7. 建立政府资源管理离任审计制度

党中央出台了一系列政策，明确建立了政府资源管理离任审计制度。《中共中央关于全面深化改革若干重大问题的决定》中指出"探索编制自然资源资产负债表，对领导干部实行自然资源资产离任审计。建立生态环境损害责任终身追究制"；《生态文明体制改革总体方案》中指明"完善生态文明绩效评价考核和责任追究制度""定期评估自然资源资产变化状况"；等等。海岸资源涵盖陆域和海域两部分自然资源，为避免海洋资源可持续再生能力加速丧失，制约海洋经济高质量发展，依据海岸资源物质量台账，设计海岸自然资源资产离任审计制度，构建完善的海岸资源管理制度。

1）审计权责划分

国家审计机关及内部审计机构为审计主体，政府部门主要领导干部为审计客体。

2）审计流程

按照海岸资源物质量管理台账及其相关要求，由审计主体定期向审计客体提出审计要求。审计客体按照相关规定在规定期限内向审计主体提供材料，包括海岸资源物质量管理台账、履职报告等。海岸资源物质量管理台账的核算工作由审计客体委托第三方完成，经论证后作为审计依据。

3）审计结果

审计结果包括审计报告、审计意见、审计处理决定等，为政府领导干部任期内最终审计评价结果，按照相关规定实施绩效考核，明确罚则，对生态环境损害责任实施终身追责制。

3.5.3 我国海岸线使用审批制度建设

海岸线是陆海资源的分界线，是陆海资源的管理边界，是实现陆海统筹发展的关键，也是推进海洋事业蓬勃发展的主要抓手[63]。过去以往，随着经济社会发展海岸线资源不可避免地出现粗放式开发、过度使用、陆海资源不协调发展等问题。海岸线管理模式与海洋经济高质量发展之间的矛盾日益凸显[66]。针对海岸线保护与利用的严峻形势，2017 年我国出台了《海岸线保护与利用管理办法》，为海岸线精细化管控的实施提供了指引[67]。但是，我们也要清醒地认识到相关法律法规对海岸线保护与利用的认识不足，法律概念难以界定，海岸线使用管理制度缺失等管理问题仍然存在[68]。目前，国土空间规划体系基本形成，"多规合一""陆海资源统筹"的管理需求非常迫切，这也赋予了海岸线新的管理内涵。同时，以供给侧结构性改革推动海洋经济向高质量发展的政策落实任务迫在眉睫[69]。加强海岸线保护与利用精细化管理，建立海岸线使用审批制度，是加强岸线资源集约节约利用，建立海域-海岸线-陆域空间联系的重要途径，是实现陆海资源统筹协调发展、拓展蓝色经济空间、推进海洋生态文明建设和海洋经济向高质量发展的必然要求，是建设海洋强国完成"第一个百年奋斗目标"的重要体现。我国海岸线使用审批制度建设如下。

1. 我国现行海岸线管理制度体系

1）《中华人民共和国海域使用管理法》

《中华人民共和国海域使用管理法》明确指出：海域是指中华人民共和国内水、领海的水面、水体、海床和底土；内水是指中华人民共和国领海基线向陆地一侧至海岸线的海域。因此，海岸线隶属于海域自然边界和管理范围，是海域自然资源的一种，包括未使用的自然岸线资源和已建成的人工岸线资源。海岸线资源属于国家所有，国务院代表国家行使海岸线资源所有权。任何单位或者个人不得侵占、买卖或者以其他形式非法转让海岸线资源。单位和个人使用海岸线资源，必须依法取得海岸线资源使用权。

2）《海岸线保护与利用管理办法》

《海岸线保护与利用管理办法》规定："国家对海岸线实施分类保护与利用。根据海岸线自然资源条件和开发程度，分为严格保护、限制开发和优化利用三个类别。"总体思想是自然形态保持完好、生态功能与资源价值显著的自然岸线实施严格保护岸线，使用岸线实施用途管制。

3）《港口岸线使用审批管理办法》

《港口岸线使用审批管理办法》规定："在港口总体规划区内建设码头等港口设施使用港口岸线，应当按照本办法开展岸线使用审批。"这是我国一项正式颁布的关于海岸线审批的管理制度。

当前，随着我国改革不断深化，按照《生态文明体制改革总体方案》《中共中央关于全面深化改革若干重大问题的决定》《关于统筹推进自然资源资产产权制度改革的指导意见》等一系列国家制度和文件的落实要求，对海岸线精细化管理工作赋予了更高的要求、更多的管理含义和明确的管理方向。

2. 陆海统筹下海岸线的新内涵

随着国家对高质量发展要求的不断加强,沿海地区陆海资源统筹管理理论和体制机制建设逐渐形成,陆海资源统筹管理已成为国土空间规划体系的重要内容。海岸带是陆海资源保护与使用的交互地带,是城市发展的重要聚集区。海岸线是我国作为划分海洋与陆地管理区域的基准线。对海岸线的精细化管理则是实现海岸带陆海资源统筹发展的关键。可以看出,新时代国土空间规划系统下的陆海统筹理论为海岸线赋予了新的内涵,海岸线实质上是陆海资源的管控线,因此,以海岸线为主要抓手,坚持以陆海统筹为原则,建立海岸线精细化管理制度,是解决陆海资源分配矛盾的重要途径。

3. 我国海岸线使用审批制度建设

1)海岸线资源的所有权归属

《中华人民共和国海域使用管理法》规定:“海域属于国家所有,国务院代表国家行使海域所有权。”2020 年 5 月 28 日,十三届全国人大三次会议表决通过了《中华人民共和国民法典》,第二百四十七条规定:“矿藏、水流、海域属于国家所有。”海岸线资源属于海域自然资源的一种,包括未使用的自然岸线资源和已形成的人工岸线资源,应属于国家所有。

2)海岸线资源使用审批机构及职责

国务院代表国家行使海岸线资源所有权。自然资源部负责全面实施全国海岸线使用的监测与监管工作,实施审核沿海各级政府的自然岸线保有率落实情况,编制全国海岸线使用基本情况统计公报,制定海岸线资源使用审批登记制度,分类分级制定海岸线基准价格。

沿海省级以上地方人民政府自然资源主管部门负责审批登记自然岸线占用项目。除占用自然岸线以外的岸线使用项目由地级市以上地方人民政府自然资源主管部门负责审批登记。各级地方政府自然资源管理部门负责本辖区内海岸线的审批登记、界址测量、统计工作,落实上级地方政府监测与监管要求,形成本级政府辖区内海岸线保护与使用情况报告并上报审核。

3)海岸线使用审批制度

国家对海岸线资源实行使用审批制度。任何使用海岸线的开发活动行为,必须实施使用审批。海岸线使用主体依法获得海岸线使用权,同海域使用权一并登记。

(1)海岸线界址确定。

国家实施基准岸线制度。基准岸线是以某年法定管理岸线为基准的海岸线。

一般采用政府公布管理岸线或海洋功能区划岸线为基准，全国基准岸线为同一基准年。基于基准岸线而向海一侧延伸、圈围或填造等开发活动新形成的海岸线是新增岸线。海岸线界址信息包括唯一代码、起止点及拐点经纬度坐标、岸线类型、长度、隶属行政区、岸线表征、是否为勘界点等属性。海岸线界址信息实施登记制度，纳入自然资源负债表管理。

（2）海岸线分类分级审批。

国家实行海岸线分类分级审批制度。根据海岸线自然资源条件优劣和开发程度强弱的基本状况，海岸线分为严格保护、限制开发和优化利用三个类别。自然形态保持完好、生态功能与资源价值显著的自然岸线应划为严格保护岸线，主要包括优质沙滩、典型地质地貌景观、重要滨海湿地、红树林、珊瑚礁等所在海岸线。该类自然海岸线分为严格保护、加强保护、修复维护和整治恢复四个保护级别。

自然海岸线，划分为严格保护岸线，实施严格管控，优先审批海岸线修复工程。严格保护级别的自然岸线，严格控制构建永久性建筑等完全改变海岸线自然属性的开发活动。加强保护的自然岸线，允许以保护海岸为目的的项目建设，必须科学制订海岸功能恢复方案，严格论证。修复维护的自然岸线，允许以保护海岸为目的的建设、拆除等适当的人为活动，必须科学制订海岸功能恢复方案，严格论证。整治恢复的自然岸线，鼓励以保护海岸为目的的建设、拆除、种植等人为活动恢复海岸线形态，必须科学制订海岸功能恢复方案，严格论证。

其他类别岸线，包括限制开发和优化利用两类岸线，实施用途管控，设立项目准入条件，编制企业负面清单。需要使用海岸线的建设项目，向符合本级审批权限的自然资源管理部门提出海岸线使用申请，优先审批海岸线修复类的建设项目。

（3）海岸线使用权登记。

国家对海岸线使用权实行统一登记制度。海岸线使用权同涉及海域的使用权一并登记。登记信息包括界址坐标、岸线类型、长度等，向海岸线使用申请主体颁发海岸线使用权证书。

（4）海岸线有偿使用及使用金管理。

国家实行海岸线有偿使用制度。依法获得海岸线使用主体，应按照海岸线使用价格缴纳使用金，海岸线使用价格由地方人民政府在国家制定的海岸线基准价格的基础上，上浮自行制定。海岸线使用金由地方人民政府代理征收，为国家财政所有。海岸线使用金为海岸线及海洋保护与修复专项基金，由国务院实行转移支付，补助地方开展海岸线及海洋保护与修复工作。

（5）自然岸线占补平衡。

国家实行自然岸线占补平衡制度。因国家重大战略需求等必须占用自然岸线的，实施自然岸线占补平衡，主要采用以下两种形式。

A. 补充物质量。海岸线使用申请主体因建设项目占用自然岸线，需修复物质量与占用自然岸线资源物质量相同的海岸线资源。各地方人民政府可根据地区高质量发展要求，可设定修复物质量高于占用自然岸线资源物质量的底线要求，上线一般不高于两倍。岸线修复可就地修复或异地修复。

B. 资金支付。若海岸线使用申请主体无法自行修复，可支付与占用自然岸线价值量相同的修复金，各地方人民政府可根据地区高质量发展要求，设定修复金高于占用自然岸线价值量的底线要求，上线一般不高于两倍。地方人民政府负责修复。

3.6　海岸资源管理系统建设

3.6.1　系统概述

系统名称为"海岸资源管理系统"，包括海岸资源和海岸线数据上传、上报、审核、统计、核算、流转、动态调整等功能。结合资源管理的实际需求，建立数据信息的统一标准，保障数据信息的规范性。构建海岸资源和海岸线统一核算模型和完整的核算体系，实现数据分析、数据结果、数据报表的唯一性。全面实现海岸资源的统筹管理，达到资源上传、上报、审核、流转、核算的自动化处理，精准统计自然岸线保有率和资源物质量、价值量核算。

系统包括数据管理、数据流转、物质量核算、价值量核算和业务管理五个层面。

数据管理，分为基准岸线管理、新增岸线管理和资源管理。基准岸线管理用于基准岸线的基础数据管理，新增岸线管理用于新增岸线的基础数据管理，资源管理用于海岸资源的基础数据管理。

数据流转，包括耕地权属流转、林地权属流转、草地权属流转、建设用地权属流转、宅基地权属流转、海域权属流转、海岸线权属流转。

物质量核算，包括海岸线物质量核算和海岸资源物质量核算两部分。海岸线物质量核算包括基准岸线和新增岸线的物质量核算。海岸资源物质量核算包括水资源，农用资源，林、草资源，城镇、工矿开发资源，港口开发资源，其他开发资源的物质量核算。

价值量核算，包括海岸线价值量核算和海岸资源价值量核算两部分。海岸线价值量核算包括基准岸线和新增岸线的价值量核算。海岸资源价值量核算包括水资源，农用资源，林、草资源，城镇、工矿开发资源，港口开发资源，其他开发资源的价值量核算。

业务管理，包括常务文件管理、法律制度下载、权属申请审核。

系统总体设计路线图如图 3-3 所示。

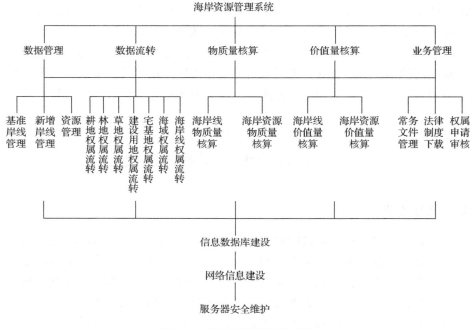

图 3-3　系统总体设计路线图

3.6.2　系统设计目标

实现海岸资源和海岸线物质量与价值量台账管理的自动化核算，用于资源数据的上传、上报、审核、统计、核算、流转、动态调整等。

3.6.3　系统设计原则

以技术先进、系统实用、结构合理、产品主流、低成本、低维护量作为基本建设原则，规划系统的整体构架。

1. 可靠性

软件系统的规模越做越大越复杂，其可靠性越来越难保证。应用本身对系统运行的可靠性要求越来越高，软件系统的可靠性也直接关系到设计自身的声誉和生存发展竞争能力。

2. 健壮性

健壮性又称鲁棒性，是指软件对于规范要求以外的输入能够判断出这个输入不符合规范要求，并能有合理的处理方式。

3. 可修改性

可修改性要求以科学的方法设计软件，使之具有良好的结构和完备的文档，系统性易于调整。

4. 可理解性

软件的可理解性是其可靠性和可修改性的前提。它并不仅仅是文档清晰可读的问题，更要求软件本身具有简单明了的结构。

5. 可测试性

可测试性就是设计一个适当的数据集合，用来测试所建立的系统，并保证系统得到全面的检验。

6. 效率性

软件的效率性一般用程序的执行时间和所占用的内存容量来度量。在达到原理要求功能指标的前提下，程序运行所需时间愈短和占用存储容量愈小，则效率愈高。

7. 标准化原则

在结构上实现开放，基于业界开放式标准，符合国家和信息产业部的规范。

8. 先进性

满足客户需求，系统性能可靠，易于维护。

9. 可扩展性

软件设计完要留有升级接口和升级空间。对扩展开放，对修改关闭。

10. 安全性

安全性要求系统能够满足用户信息、操作等多方面的安全要求，同时系统本身也要能够及时修复、处理各种安全漏洞，以提升安全性能。

3.6.4　需求分析

（1）建设稳定性好的、性能高效的、架构清晰的、维护便利的、安全性高的网络信息化平台。

（2）形成建立与海域动态系统、土地管理系统信息共享机制。

（3）实现海岸线、海岸资源的上传、上报、审核、统计、核算、流转、动态调整等。

（4）实现日常业务工作的基本管理功能。

（5）完成海岸线、海岸资源元数据、历史数据、过程数据等基本数据的数据库建设。

3.6.5　主要界面及其功能简介

1. 数据管理界面及其功能简介

数据管理界面（图3-4）分为基准岸线管理、新增岸线管理和资源管理三个模块，主要功能为基准岸线数据、新增岸线数据和资源管理数据的基本管理。

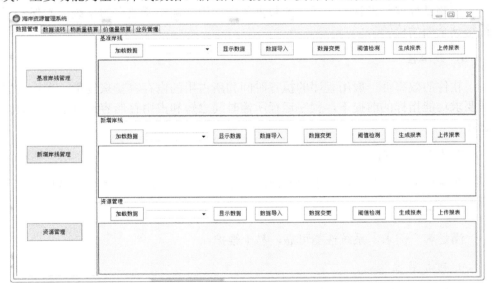

图 3-4　数据管理界面

2. 数据流转界面及其功能简介

数据流转界面（图3-5）分为耕地权属流转、林地权属流转、草地权属流转、建设用地权属流转、宅基地权属流转、海域权属流转、海岸线权属流转七个模块，主要功能为耕地权属流转、林地权属流转、草地权属流转、建设用地权属流转、宅基地权属流转、海域权属流转、海岸线权属流转等数据的管理和过程报表记录。

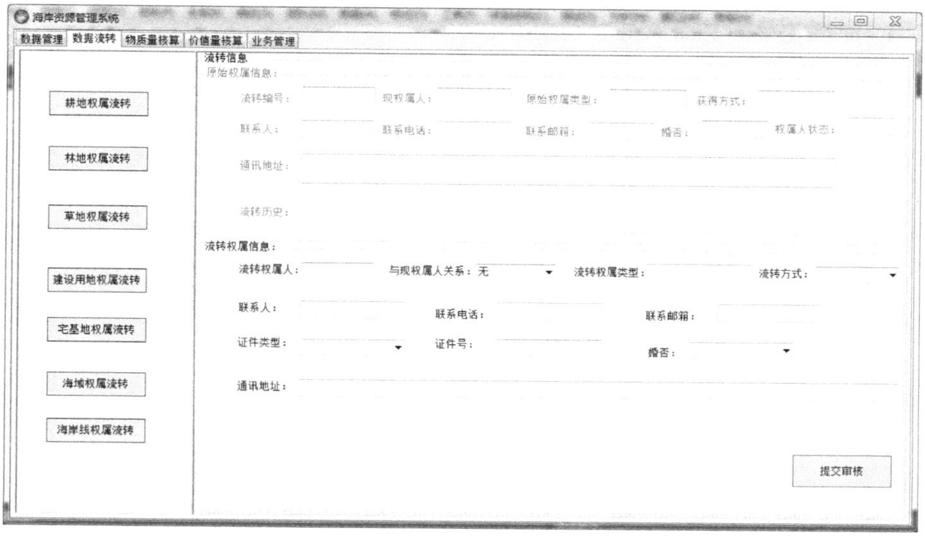

图 3-5　数据流转界面

3. 物质量核算界面及其功能简介

物质量核算界面（图 3-6）分为海岸线物质量核算和海岸资源物质量核算两个模块，主要功能是完成海岸线、海岸资源物质量核算。海岸线物质量核算包括岸线类型和使用类型的结构比例以及自然保有率、确权率的自动核算，核算报表下载。海岸资源物质量核算包括海岸资源类型结构比例以及确权率的自动核算，核算报表下载。

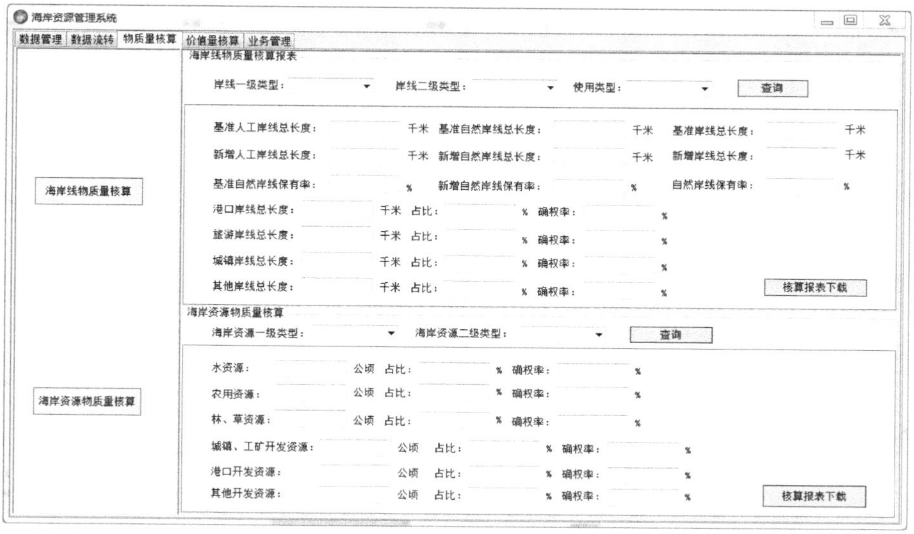

图 3-6　物质量核算界面

4. 价值量核算界面及其功能简介

价值量核算界面（图3-7）分为海岸线价值量核算和海岸资源价值量核算两个模块，主要功能是完成不同类型的海岸线、海岸资源价值量的自动核算。

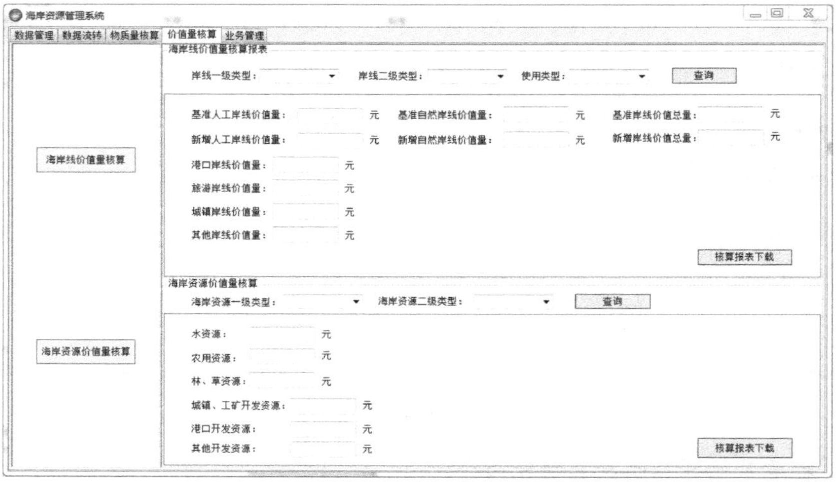

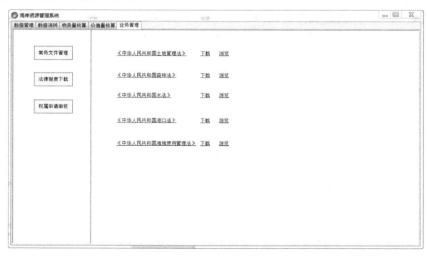

图 3-7　价值量核算界面

5. 业务管理界面及其功能简介

业务管理界面（图3-8）分为常务文件管理、法律制度下载和权属申请审核三个模块，主要功能是完成业务工作、法律法规以及权属申请审核记录文件的管理，实现权限下载、浏览和存储。

图 3-8　业务管理界面

第4章 自然海岸资源保护制度建设研究

4.1 自然海岸资源保护适宜性评价

4.1.1 自然海岸资源保护适宜性

　　自然海岸资源保护适宜性评价指标的选择应遵循全面性、代表性、空间差异性等原则，本章建立了海岸形态、海岸地质结构、近岸海水动力、海岸开发利用程度、海岸受损程度、海岸规模以及海岸生态服务功能七个评价指标。自然海岸保护适宜性评价指标如表 4-1 所示。

表 4-1　自然海岸保护适宜性评价指标

序号	指标	指标说明
1	海岸形态	反映海岸健康情况
2	海岸地质结构	反映海岸的稳定性
3	近岸海水动力	影响海岸的自然形态和地质结构的健康稳定性
4	海岸开发利用程度	人工干扰影响海岸自然属性的稳定性
5	海岸受损程度	影响海岸的健康和稳定性
6	海岸规模	反映抗海岸的侵蚀能力
7	海岸生态服务功能[6]	比如林地、耕地、草地、河口湿地、生物栖息地、生物海滩、产卵场、索饵场、越冬场，生态景观，旅游文化等具有生态服务功能价值海岸

　　海岸形态是海陆相互作用的最直接自然产物，其形态特征、曲折度、长度等要素在一定程度上能够反映海岸的健康情况，因此，选用海岸形态作为评价指标之一，通过形态指数来评价海岸形态的优美度。海岸地质结构的稳定性直接影响海岸整体的稳定性，应选用其作为评价指标。近岸海水动力的强弱对海岸的健康和稳定性至关重要。人工对自然海岸的干扰有可能对海岸的自然属性有所改变，影响自然海岸的稳定性。因此，选用海岸开发利用程度作为评价指标。海岸受损程度直接反映海岸的受损情况，可以明确海岸应采取的管理措施。根据调查研究发现，与规模小、零碎的海岸相比，规模较大、海岸完整的海岸较规模小、零碎的海岸的抗侵蚀能力更强。从提供生态服务功能重要程度来看，生态服务功能重要程度可以基本反映海岸的生态服务功能价值。

　　综上所述，本章从海岸的自然属性、人为干扰以及生态服务功能三个角度确立适宜性评价指标，基本能够反映海岸的保护适宜性，分出严格保护、加强保护、修复维护和整治恢复四个保护级别。

4.1.2　指标评价标准及原则

1）海岸形态指数计算模型及量化赋值

$$Q_i = \frac{L_i}{d_i} \tag{4-1}$$

式中，Q_i 为海岸形态指数；L_i 为海岸总长度；d_i 为海岸的起止点距离。Q_i 表现出海岸的曲折程度，曲折程度越大，即 Q_i 越大，说明海岸形态越优美，越健康。海岸形态量化赋值表见表 4-2。

表 4-2　海岸形态量化赋值表

分级阈值	基本分类	赋值
$Q > 1.5$	岬角或海湾式海岸	4
$1.5 \leqslant Q \leqslant$ Min（中值，平均值）	自然形态保持完好海岸	3
$Q \in$（中值，平均值）	基本保持自然形态海岸	2
$1.0 \leqslant Q \leqslant$ Min（中值，平均值）	自然形态受损海岸	1

2）海岸地质结构评价模型及量化赋值

由于不同海岸类型地质结构不同，无法构建统一评价模型。因此，采用分类构建评价模型。

（1）基岩海岸。

从岩体风化程度、裂隙发育程度和岩性组成三个方面采用打分制对基岩海岸的稳定性进行评价，各因子权重为 1∶1∶1，最终给出因子总得分。基岩海岸稳定性量化赋值表见表 4-3。

表 4-3　基岩海岸稳定性量化赋值表

岩体风化程度	裂隙发育程度/%	岩性组成	赋值
未风化	90～100	极稳定	4
中等风化	75～90	稳定	3
强风化	50～75	较稳定	2
全风化	25～50	不稳定	1

（2）砂质海岸。

在全地形监测的基础之上，以沙滩年际损失量变化程度和海岸变化速率作为评价因子，对沙滩稳定性进行评价。

A. 均变沙滩

均变沙滩为沙滩整体以稳定速率遭受侵蚀，变形平缓，无局部强烈侵蚀或淤积状况。采用年际沙量损失率进行沙量海岸稳定性评价。

以第一年沙量监测数据为基准，后期逐年对沙量进行监测。沙滩沙量测算以高程变化来估算沙量变化量，以此作为年际沙量损失率的因子。年际沙量损失率按照式（4-2）进行计算：

$$L = \frac{\sum_{i=1,j=1}^{i=n,j=T}(g'_{ij} - g_i)\cdot s_i}{g_i \cdot s_i \cdot T} \times 100\% \qquad (4-2)$$

式中，L 为年际沙量损失率；g_i 为第 i 个评价单元第一年监测高程；g'_{ij} 为第 i 个评价单元第 j 年监测高程；s_i 为第 i 个评价单元面积；$i=1,2,3,4,\cdots,n$；$j=1,2,3,4,\cdots,T$；n 为评价单元数量；T 为监测时间间隔。

B. 突变沙滩

突变沙滩为沙滩受某些特定因素影响，如在沙滩内部存在河流入海口、拦沙堤、管道、构筑物等外在因素，在局部岸段会发生强烈侵蚀或淤积，影响沙滩整体美观效果。采用海岸年际变化速率来评价海岸稳定性。

以第一年监测数据为基准，后期逐年监测数据与其进行对比，海岸年际变化速率可按照式（4-3）进行计算：

$$R = \frac{\sum_{i=1}^{n}(B_i - B_0)}{n \cdot T} \qquad (4-3)$$

式中，R 为海岸年际变化速率；B_0 为海岸起始位置；B_i 为后期相对海岸起始位置监测的距离；n 为进行海岸位置比对所选取的岸段数量；T 为监测时间间隔。

评价因子砂质海岸稳定性量化赋值可参照以下标准进行评判，见表4-4。

表4-4　砂质海岸稳定性量化赋值表

年际沙量损失率 L/%	海岸年际变化速率 R/(m/a)	赋值
$L \leq 2$	$R \leq 0.05$	4
$2 < L \leq 5$	$0.05 < R \leq 0.10$	3
$5 < L \leq 10$	$0.10 < R \leq 0.15$	2
$L > 10$	$R > 0.15$	1

（3）淤泥质海岸。

该类型海岸是由小于 0.05mm 粒级的粉砂、泥质组分构成，淤泥质海岸的岸线较平直，海滩宽广，岸滩坡度极缓，在岸滩形成塑造过程中潮流起着主导作用，主要分布在大河入海口沿岸。

淤泥质海岸是沉积分异作用较明显的产物之一，也是水动力强弱的敏感指标，其形成后一般处于稳定状态。但随着人类活动加剧、河流入海泥沙减少、极端天气频发等多种因素影响，淤泥质海岸同样会出现侵蚀、淤积状况。高抒[70]通过对沉积物粒度参数研究得出：粒度参数的平面差异可以指示物质输运信息，并建立了沉积物粒径输运趋势分析模型，以此为评价因子，对淤泥质海岸稳定性进行评价。

在待评价海岸潮间带上均匀布设沉积物采样站位，采样比例尺可根据海岸规模自行设定，室内采用激光法对沉积物粒度进行分析，利用粒径输运趋势分析模型对沉积物输运趋势进行分析，根据分析结果进行淤泥质海岸稳定性评价，因子评价准确程度与采样密度密切相关。淤泥质海岸稳定性量化赋值表见表4-5。

表 4-5　淤泥质海岸稳定性量化赋值表

输运方向	稳定性	赋值
均匀分布	稳定	4
向岸输运	淤积	3
沿岸输运	局部侵蚀或淤积	2
离岸输运	侵蚀	1

（4）河口海岸。

河口海岸主要分布在河流入海口，水动力条件较为复杂。采用海岸侵蚀后退速率作为评价因子，对河口海岸稳定性进行评价。

可采用不同年限遥感影像数据进行对比分析，亦可采用现场监测方式进行河口海岸侵蚀后退速率判定。以周年为间隔，第一次监测数据为基准，后期监测数据与其进行对比分析，进行海岸侵蚀后退速率计算。海岸侵蚀后退速率按照式（4-4）进行计算：

$$B = \frac{C_x - X_0}{T} \tag{4-4}$$

式中，B 为海岸侵蚀后退速率，单位为 m/a；X_0 为海岸起始位置，即第一次监测的外缘线，可定义为 0；C_x 为现阶段不同位置处海岸与基线 X_0 距离差，一般以 m 为单位；T 为时间因子，一般以年（a）为单位。

河口海岸稳定性采用单因子进行评价，其量化赋值表见表4-6。

3）近岸海水动力量化赋值

本书将近岸周年平均波高 H 作为近岸海水动力评价因子。近岸海水动力量化赋值表见表4-7。

表4-6 河口海岸稳定性量化赋值表

海岸侵蚀后退速率/(m/a)	赋值
$B \leq 0.1$	4
$0.1 < B \leq 0.3$	3
$0.3 < B \leq 0.5$	2
$B > 0.5$	1

表4-7 近岸海水动力量化赋值表

波高 H 分级/m	基本分类	赋值
$H \leq 0.1$	微浪	4
$0.1 < H \leq 0.5$	小浪	3
$0.5 < H \leq 1.5$	轻浪	2
$1.5 < H \leq 3.0$	中浪	1

4）海岸开发利用程度计算模型及量化赋值

提取评价海岸 1km 范围内的开发利用现状，包括向陆一侧 1km 的土地开发利用现状和向海一侧 1km 的开发利用现状。

$$Z_i = \frac{\sum_{i=1}^{n} x_i^2}{\left(\sum_{i=1}^{n} x_i\right)^2} \tag{4-5}$$

式中，Z_i 为海岸开发利用指数；x_i 为某类开发利用类型的面积。Z_i 值越大，说明开发利用类型越少，自然性越高，对海岸来说稳定性也相对越高。

海岸开发利用指数 Z_i 的阈值范围为(0,1)：Z_i 值趋近于 0，说明利用程度较小，自然保持较好，Z_i 值趋近于 1 说明利用程度高，人工较强。海岸开发利用程度量化赋值表见表4-8。

表4-8 海岸开发利用程度量化赋值表

海岸开发利用指数分级	基本分类	赋值
$0 \leq Z_i \leq 0.25$	开发利用程度低	4
$0.25 < Z_i \leq 0.5$	开发利用程度较低	3
$0.5 < Z_i \leq 0.75$	开发利用程度较高	2
$0.75 < Z_i \leq 1$	开发利用程度高	1

5）海岸受损程度计算模型及量化赋值

$$U = 1 - \frac{L_{受损}}{L_{总长}} \qquad (4\text{-}6)$$

式中，U 为海岸受损指数；$L_{受损}$ 为海岸受损长度；$L_{总长}$ 为海岸总长度。U 越大，说明海岸受损程度越低，越健康。海岸受损程度分为微受损、轻受损、中度受损和严重受损四个等级。其中微受损表现特性为自然修复能力较强，不需要人工干扰修复；轻受损表现为有自然恢复能力，需投入简单的人工干扰修复，中度受损表现为自然修复能力较弱，需投入一定的人工干扰修复；严重受损表现为几乎没有自然修复能力，必须投入人工干扰修复。海岸受损程度量化赋值表见表 4-9。

表 4-9　海岸受损程度量化赋值表

海岸受损指数	受损程度分级	赋值
$U>0.9$	微受损	4
$0.7<U\leqslant0.9$	轻受损	3
$0.5<U\leqslant0.7$	中度受损	2
$U\leqslant0.5$	严重受损	1

6）海岸规模量化赋值

采用海岸总长度 $L_{总长}$ 来评价海岸的规模大小。根据海岸规模的大小将其分为较大规模、中等规模、较小规模及零碎四个等级。海岸规模量化赋值表见表 4-10。

表 4-10　海岸规模量化赋值表

海岸总长度/km	规模分级	赋值
$L>3$	较大规模	4
$1<L\leqslant3$	中等规模	3
$0.3<L\leqslant1$	较小规模	2
$L\leqslant0.3$	零碎	1

7）海岸生态服务功能及量化赋值

海岸带生态系统类型复杂，生态服务功能多样。海岸带在维护海洋生态系统、陆地生态系统稳定性发挥重要作用[8]。本章采用评价海岸周边的典型生态服务功能类型数量多少，来衡量海岸生态服务功能价值量。海岸生态服务功能量化赋值表见表 4-11。

表 4-11 海岸生态服务功能量化赋值表

生态服务功能分级	基本分类	赋值
具有 3 个以上典型生态服务功能区	综合型生态服务功能海岸	4
具有 2 个典型生态服务功能区	协调型生态服务功能海岸	3
具有 1 个典型生态服务功能区	典型生态服务功能海岸	2
没有典型生态服务功能区	简单型生态服务功能海岸	1

4.1.3 自然海岸保护适宜性综合评价模型

自然海岸保护适宜性综合评价模型由三个层级构成，分别为压力层、承压层和供给层。通过建立三个层级间的模型关系，得出综合评价指数。综合评价指数的数值不同，表示自然海岸的保护适宜性不同。依据计算结果的数据特征，由高到低确定分级。本书将自然海岸保护适宜性分为四个保护级别，它们是严格保护、加强保护、修复维护和整治恢复。综合评价模型如下：

$$K_i = \frac{\sum_{i=1}^{n} C_i}{\sum_{j=1}^{n} P_i} \times G \qquad (4-7)$$

式中，K_i 为适宜性综合评价指数；C_i 为承压层评价指标值；P_i 为压力层评价指标值；G 为供给层评价指标值。K_i 值的阈值范围为[1,16]，具体分级如表 4-12 所示。

表 4-12 K_i 值分级表

分级阈值	基本分类
$12 < K_i \leqslant 16$	严格保护海岸
$8 < K_i \leqslant 12$	加强保护海岸
$4 < K_i \leqslant 8$	修复维护海岸
$1 \leqslant K_i \leqslant 4$	整治恢复海岸

4.2 构建自然海岸资源账户管理体系

以为自然海岸的有效保护和管理提供技术支撑为目的，将自然海岸作为完整的生态系统进行自然资源核算方法研究。以岸段为核算单元，岸线长度为计算单位（m），最终确定不同类型自然海岸的资源价值，以此作为纳入自然资源账户管理的依据。

4.2.1　自然海岸资源账户构建

构建自然海岸资源账户信息，内容包括海岸唯一标识码、海岸类型、核算类型、调节系数 q、物质量（km）和价值量（元）。海岸唯一标识码为海岸的唯一编号；海岸类型包括砂质海岸、淤泥质海岸、基岩海岸、生物海岸、整治修复后具有自然形态特征和生态功能的海岸五类；核算类型包括基准海岸和新增海岸两类；调节系数 q 为测算自然海岸资源价值的调节系数；物质量为对应海岸唯一标识码的海岸物质量，即海岸长度；价值量为对应海岸唯一标识码的海岸价值量。自然海岸资源账户信息表见表 4-13。

表 4-13　自然海岸资源账户信息表

海岸唯一标识码	海岸类型	核算类型	调节系数 q	物质量/km	价值量/元

总量核算方法如下。

公式 1：基准自然海岸资源物质总量=每个基准海岸唯一标识码物质量的总和

公式 2：基准自然海岸资源价值总量=每个基准海岸唯一标识码价值量的总和

公式 3：新增自然海岸资源物质总量=每个新增海岸唯一标识码物质量的总和

公式 4：新增自然海岸资源价值总量=每个新增海岸唯一标识码价值量的总和

公式 5：自然海岸资源物质总量=基准自然海岸资源物质总量+新增自然海岸资源物质总量

公式 6：自然海岸资源价值总量=基准自然海岸资源价值总量+新增自然海岸资源价值总量

备注：以上公式核算周期为一年，若扩大核算周期应逐年累计。

4.2.2　自然岸线资源物质量核算方法

自然岸线资源物质量主要核算指标包括两大部分，分别为基准自然岸线资源物质量和新增自然岸线资源物质量。这里指的物质量即为岸线的长度。基准自然岸线资源物质量核算指标包括砂质岸线、淤泥质岸线、基岩岸线、生物岸线、整治修复后具有自然形态特征和生态功能的岸线五类岸线的长度；新增自然岸线资源物质量核算指标包括砂质岸线、淤泥质岸线、基岩岸线、生物岸线、整治修复后具有自然形态特征和生态功能的岸线五类岸线的长度。物质量核算表见表 4-14。自然岸线保有率核算按照 3.5 节的方法进行。

表 4-14　物质量核算表

基准自然岸线	数值	单位	新增自然岸线	数值	单位
砂质岸线		km	砂质岸线		km
淤泥质岸线		km	淤泥质岸线		km
基岩岸线		km	基岩岸线		km
生物岸线		km	生物岸线		km
整治修复后具有自然形态特征和生态功能的岸线		km	整治修复后具有自然形态特征和生态功能的岸线		km
总长度		km	总长度		km
自然岸线保有率		%	自然岸线保有率		%

当基准岸线确定后，一般情况下核算指标不发生变动，基准自然岸线保有率即为固定值。自然岸线保有率计算方法见式（4-8）。

$$R = \left(\frac{\sum_{i=1}^{n} l_i}{L} + \frac{\sum_{i=1}^{n} \Delta_{li}}{L + \Delta_l} \right) \times 100\% \qquad (4\text{-}8)$$

式中，l_i 是本行政区第 i 类基准自然岸线长度；L 表示基准岸线总长度；Δ_{li} 是第 i 类新增自然岸线长度；Δ_l 为新增岸线总长度。R 表示自然岸线保有率，核算周期为统计当年。

该核算方法可充分地保护自然岸线资源，同时鼓励海岸线整治修复工作以新增自然岸线资源为目的。基准自然岸线保有率为底线，以新增自然岸线保有率为主要考核指标。假设某省基准自然岸线保有率为 31%，为达到自然岸线保有率达到 35% 的管理要求，该省必须开展岸线整治修复工作新增自然岸线。若该省累计新增自然岸线保有率为 5%，那么，该省最终自然岸线保有率为 36%。

4.2.3　自然岸线资源价值量核算方法

自然岸线资源是海域自然资源的组成部分，符合自然资源价值理论，因此，自然岸线资源价值包括使用价值（产品、空间、环境）和生态价值（生态服务价值），其计算公式如下。

$$E_i = E_1 + E_{2_i} \qquad (4\text{-}9)$$

式中，E_i 为第 i 类自然岸线资源价值；E_1 为自然岸线资源的使用价值；E_{2_i} 为第 i 类自然岸线资源的生态价值。

自然岸线资源的使用价值是通过岸线资源基本价值来反映的，而基本价值的核算建立在使用岸线资源基准价值的基础之上。取使用岸线资源基准价的平均价值作为岸线资源基准价值，自然岸线保有率和国内生产总值增速作为测算因子，按照测算周期考虑复利，最终得出测算周期内自然岸线资源的基本价值。而自然岸线资源的基准价格是基本价值货币表现，因此，通过计算单位土地基准价格和单位海域基准价格的均值表现单位使用岸线资源的基准价格，即单位使用岸线资源的基准价值，其计算公式如下。

$$E_1 = \frac{\sum_{i=1}^{n} \frac{1}{2}(V_i + W_i)}{n \times (1-p)} \times (1+a)^x \qquad (4\text{-}10)$$

式中，E_1 为自然岸线资源的基本价值；V_i 为第 i 类单位海域基准价格；W_i 为第 i 类单位土地基准价格；n 为海岸线使用类型；p 为自然岸线保有率；a 为国内生产总值增速；x 为基年以后的计算周期，单位为年，一般计算周期为 5 年。

自然岸线资源的生态价值是基于特定岸线类型的生态服务功能价值、景观服务功能价值和旅游服务功能价值的总和，并以国内生产总值增速为价值复利计算基数，最终得出测算周期内第 i 类自然岸线资源的生态价值，其计算公式如下。

$$E_{2_i} = (X_i + Y_i + Z_i) \times (1+a)^x \qquad (4\text{-}11)$$

式中，E_{2_i} 为第 i 类自然岸线资源的生态价值；X_i 为第 i 类自然岸线生态服务功能价值；Y_i 为第 i 类自然岸线景观服务功能价值；Z_i 为第 i 类自然岸线旅游服务功能价值；a 为国内生产总值增速；x 为基年以后的计算周期，单位为年，一般计算周期为 5 年。

为了使自然岸线资源价值核算更符合管理要求和保护政策，在充分考虑自然岸线资源使用价值和生态价值的基础上，还应充分考虑区域经济发展需求和管理要求。因此，在核算自然岸线资源价值量时，按照区域经济发达发展情况和自然岸线保护级别，设定不同的调整系数，以充分体现自然岸线资源价值和实际需求的协调性，调整价值计算见式（4-12）。

$$N_i = E_i \times q_{ij} \qquad (4\text{-}12)$$

式中，N_i 为第 i 类自然岸线资源调整后的价值；E_i 为第 i 类自然岸线资源价值；q_{ij} 为第 i 类自然岸线资源调整系数，取值参考表（表 4-15）中对应的调整系数。

表 4-15　调整系数取值参考表

区域经济发达发展情况	自然岸线保护级别											
	严格保护岸线			加强保护岸线			修复维护岸线			整治恢复岸线		
	经济发达区	经济较发达区	经济欠发达区	经济发达区	经济较发达区	经济欠发达区	经济发达区	经济较发达区	经济欠发达区	经济发达区	经济较发达区	经济欠发达区
调整系数	4.0	3.5	3.0	3.5	3.0	2.5	3.0	2.5	2.0	2.5	2.0	1.5

4.3　自然海岸资源分级保护管理

通过建立自然海岸保护适宜性综合评价模型，最终将自然海岸保护级别分为以下四类海岸，具体如下。

严格保护海岸：该海岸为最高保护级别，海岸特征表现为自然属性和生态功能保持完好，自我修复能力强，海岸健康且稳定。

加强保护海岸：该海岸为次级保护级别，海岸特征表现为自然属性和生态功能基本保持完好，具有自我修复能力，但海岸健康和稳定性有所受损。

修复维护海岸：该海岸为第三级保护级别，海岸特征表现为具有自然属性，生态服务功能较弱，自我修复能力较弱，海岸健康和稳定性已经受到不同程度的破坏。

整治恢复海岸：该海岸为最低一级保护级别，海岸特征表现为具有自然属性，生态服务功能弱，几乎没有自我修复能力，海岸健康和稳定性遭到破坏，海岸受损严重。

在实际管理中，针对不同保护级别的自然海岸，建立不同的保护管控制度。严格保护海岸应最大程度上避免人工干扰，保护自然属性和生态功能，保障生态服务供给能力，用自然力量保持生态系统平衡。加强保护海岸应尽量减少人工干扰，利用海岸自我修复能力恢复海岸功能。而对于修复维护海岸和整治恢复海岸则应适当投入人工干扰以维护和保持海岸的自然属性特征，两者不同之处在于：修复维护海岸投入的人工干扰应以辅助自然修复力量为主，自然能修复的部分交给自然；整治恢复海岸则着重于整治，利用人工干扰来恢复、维持和保护海岸的自然属性。总之，保护自然海岸的健康和稳定，应以自然修复为主，人工干扰为辅，最终达到保护适宜、修复有度、彻底整治的目的，从而进一步展开海岸线管控长效机制的研究。

4.3.1　监测方法及内容

监测方法参考 3.5.1 节；另外，对海岸形态、海岸地质结构、近岸海水动力、海岸开发利用程度、海岸受损程度、海岸生态服务功能、海水水质、海洋沉积物质量、海洋生物质量、海岸向陆和向海一侧各 1km 海岸景观、海岸旅游供给能力等项目实施监测。

4.3.2　监管措施

1. *严格保护海岸*

资源管理要求：除国家重大战略项目外，严禁一切开发活动侵占；条件允许的情况下，可申请成立国家公园，适当开发供人民群众观赏。

环境管理要求：明确自然海岸的保护对象，围绕保护对象展开定期监测与维护，不得破坏自然海岸完整的生态系统，保障自然海岸的生境要求。

2. *加强保护海岸*

资源管理要求：除国家重大战略项目外，严禁一切开发活动侵占；保障海岸自我修复能力恢复海岸功能，制订海岸功能恢复方案，采取适当恢复措施；在功能恢复前不得申请国家公园，不得对外开放。

环境管理要求：明确自然海岸的保护对象，围绕保护对象展开定期监测与维护，不得破坏自然海岸完整的生态系统，保障自然海岸的生境要求。

3. *修复维护海岸*

资源管理要求：制订海岸功能维护方案，适当投入人工干扰以维护和保持海岸的自然属性特征和海岸功能；在严格论证基础上，可适当占用海岸，但应尽量减少占用。

环境管理要求：明确自然海岸的保护对象，围绕保护对象制订生态修复方案，定期监测与维护，修复已破坏自然海岸生态系统，保障自然海岸的生境要求。

4. *整治恢复海岸*

资源管理要求：制订海岸整治恢复方案，投入人工干扰以维护和保持海岸的自然属性特征和海岸功能，整治海岸 1km 范围内影响海岸功能的人类活动；在严格论证基础上，拆除海岸 1km 范围内影响海岸功能的构筑物；可适当占用海岸，但应尽量减少占用。

环境管理要求：明确自然海岸的保护对象，围绕保护对象制订生态修复方案，定期监测与维护，整治恢复已破坏自然海岸生态系统，保障自然海岸的生境要求。

4.4　自然海岸资源整治与修复

4.4.1　修复重点和目标

根据修复对象的资源禀赋特征、生态环境状况和生态系统组成结构，确定整治与修复范围，明确保护对象，理清生态环境问题，科学准确评估生态损害程度，确定修复重点和目标。

1. 海岸形态

海岸形态是海陆相互作用的最直接自然产物，其形态特征、曲折度、长度等要素在一定程度上能够反映海岸的健康情况，选用海岸形态作为评价指标之一，通过形态指数来评价海岸形态的优美度。

2. 海岸地质结构

海岸地质结构的稳定性直接影响海岸整体的稳定性，应选用其作为评价指标。

3. 近岸海水动力

近岸海水动力的强弱，对海岸的健康和稳定性至关重要。

4. 海岸开发利用程度

整治与修复范围内影响海岸功能的人类活动。人类活动对自然海岸的干扰有可能对海岸的自然属性有所改变，影响自然海岸的稳定性。

5. 海岸受损程度

海岸受损程度直接反映海岸的受损情况，可以明确海岸应采取的管理措施。

6. 海岸规模

规模较大、海岸完整的海岸较规模小、零碎的海岸抗侵蚀的能力强。

7. 生态系统组成和结构

整治与修复范围内陆域、海域生态系统组成和结构。

4.4.2　修复原则

1. 问题导向、因地制宜

充分考虑造成生态损害和资源占用等问题的诱因，科学确定保护修复重点与目标，制定有针对性的保护修复措施。

2. 保护优先、自然恢复

秉持尊重自然、顺应自然的理念，遵循原有生态系统的特征，制定以自然恢复为主、人工修复为辅的修复对策，逐步修复已经破坏的自然资源和生态系统，最大程度恢复生态系统功能。

3. 统筹考虑、合理布局

考虑一定区域内自然海岸生态修复的统筹问题，合理空间布局，提升生态修复综合成效。对异地修复项目，应在更大的空间范围上统筹，按照空间规划总体布局研究确定项目选址方案。

4. 切合实际、注重实效

充分考虑生态保护修复工程的成本与效益，增强生态保护修复方案的可操作性；加强监管，确保生态保护修复取得实效。

4.4.3　技术依据

目前，我国自然海岸整治与修复主要参考的技术依据包括《海洋工程环境影响评价技术导则》（GB/T 19485—2014）、《海水水质标准》（GB 3097—1997）、《海洋沉积物质量》（GB 18668—2002）、《海洋生物质量》（GB 18421—2001）、《海洋调查规范》（GB/T 12763—2007）、《海洋监测规范》（GB 17378—2007）、《海域使用分类》（HY/T 123—2009）、《建设项目对海洋生物资源影响评价技术规程》（SC/T 9110—2007）、《海域使用面积测量规范》（HY 070—2003）、《建设项目环境风险评价技术导则》（HJ 169—2018）、《港口与航道水文规范》（JTS 145—2015）、《海洋工程地形测量规范》（GB/T 17501—2017）、《全球定位系统（GPS）测量规范》（GB/T 18314—2009）、《宗海图编绘技术规范（试行）》（国海规范〔2016〕2号）、《近岸海洋生态健康评价指南》（HY/T 087—2005）、《海水质量状况评价技术规程（试行）》、《海洋生态损害评估技术指南（试行）》、《建设项目对海洋生物资源影响评价技术规程》（SC/T 9110—2007）、《建设项目用海面积控制指标（试行）》等。

4.4.4　修复海岸类型

依据自然海岸的保护级别，需要开展修复的自然海岸类型包括修复维护海岸和整治恢复海岸。具体的修复目标、利用与保护目标按照 4.3 节执行。

4.4.5　生态损害评估

1. 海岸景观破碎程度

人类活动是导致景观破碎化的重要因素，海岸景观破碎化综合指数是反映海岸景观破碎程度的一般标尺，是对景观破碎度、多样性指数等一般景观指数的综合分析。评价方法参考 2.1.3 节。

2. 海水水质损害

参考《海洋生态损害评估技术指南（试行）》。分析损害事件前后的水质状况及对水质产生的影响，计算特征污染物不同污染程度，确定超出《海水水质标准》（GB 3097—1997）的各类海水水质标准值及背景值的海域范围和面积。

3. 海洋沉积物损害

参考《海洋生态损害评估技术指南（试行）》。分析损害事件发生前后的沉积物的质量状况，计算特征污染物不同污染程度，确定超出《海洋沉积物质量》（GB 18668—2002）的各类海洋沉积物质量标准值及背景值的海域范围和面积。

4. 海洋生物损害

参考《海洋生态损害评估技术指南（试行）》。比较事件前后海洋生物种类、数量、密度与质量的变化，直接确定急性与慢性生物损害的程度与范围，确定超出《海洋生物质量》（GB 18421—2001）的海洋生物质量标准值及背景值的海域范围和面积。

根据事件引起的污染物在水体和沉积环境中的分布监测结果，结合污染物对特定生境海洋生物毒性，间接推算事件对海洋生物种类损害的程度与范围。

根据直接调查与间接推算结果，综合分析事件的海洋生物损害程度与范围。

5. 水动力和冲淤损害

参考《海洋生态损害评估技术指南（试行）》。对于明显改变岸线和海底地形的损害事件，还应分析造成的水动力和冲淤环境变化，以及对海洋环境容量、沉积物性质及生态群落的损害情况。受损程度的确定可采取现场调查和遥感调查等方法。

6. 生态系统服务功能评估

生态系统服务功能是指生态系统与生态过程所形成及维持的人类赖以生存的自然环境条件与效用。它不仅为人类提供了食品、医药及其他生产原料，还创造和维持了地球生命系统，形成人类生存所必需的环境条件。生态系统服务功能的内涵可以包括有机质生产与合成、生物多样性的产生与维持、调节气候、营养物质贮存与循环、环境净化与有害有毒物质的降解、有害生物的控制、减轻自然灾害等许多方面。

根据《海洋生态资本评估技术导则》（GB/T 28058—2011）和国内外的相关研究，将围填海的生态系统服务价值损失评估归纳为海洋供给服务、海洋调节服务、海洋文化服务、海洋支持服务四大类。

1）海洋供给服务

根据《海洋生态资本评估技术导则》（GB/T 28058—2011），海洋供给服务评估包括养殖生产评估、捕捞生产评估和氧气生产评估三方面。

（1）养殖生产评估。

A. 物质量评估。

养殖生产的物质量应采用评估海域的主要类别养殖水产品的年产量进行评估，分为鱼类、甲壳类、贝类、藻类、其他五类。

B. 价值量评估。

养殖生产的价值量应采用市场价格法进行评估。计算公式为

$$V_{\text{SM}} = \sum_{i=1}^{5} (Q_{\text{SM}i} \times P_{\text{M}i}) \times 10^{-1} \tag{4-13}$$

式中，V_{SM} 为养殖生产价值，单位为亿元/a；$Q_{\text{SM}i}$ 为第 i 类养殖水产品的产量，单位为 t/a，i=1,2,3,4,5 分别代表鱼类、甲壳类、贝类、藻类和其他；$P_{\text{M}i}$ 为第 i 类养殖水产品的平均市场价格，单位为元/kg。

养殖水产品的平均市场价格应采用评估海域临近的海产品批发市场的同类海产品批发价格进行计算。

（2）捕捞生产评估。

A. 物质量评估。

如评估海域存在商业捕捞，则捕捞生产的物质量应采用捕捞年产量进行评估。

如评估海域存在商业捕捞或者非商业捕捞活动，但是没有捕捞产量统计数据，捕捞生产的物质量应根据邻近海域同类功能区主要品种的捕捞量与资源量的比例推算。

如缺少评估海域渔业资源现存量数据，捕捞生产的物质量可采用临近海域同类功能区单位面积海域渔业资源现存量数据推算。

B. 价值量评估。

捕捞生产的价值量应采用市场价格法进行评估。计算公式为

$$V_{\text{SC}} = \sum_{i=1}^{5} (Q_{\text{SC}i} \times P_{Ci}) \times 10^{-1} \tag{4-14}$$

式中，V_{SC} 为捕捞生产价值，单位为万元/a；$Q_{\text{SC}i}$ 为第 i 类捕捞水产品的产量，单位为 t/a，i=1,2,3,4,5,6 分别代表鱼类、甲壳类、贝类、藻类、头足类和其他；P_{Ci}

为第 i 类捕捞水产品的平均市场价格，单位为元/kg。

捕捞水产品的平均市场价格应采用评估海域临近的海产品批发市场的同类海产品批发价格进行计算。

（3）氧气生产评估。

A. 物质量评估。

氧气生产的物质量应采用海洋植物通过光合作用过程生产氧气的数量进行评估。包括浮游植物初级生产提供的氧气和大型藻类初级生产提供的氧气两个部分。

氧气生产的物质量计算公式为

$$Q_{O_2} = Q'_{O_2} \times S \times 365 \times 10^{-3} + Q_{O_2}^M \qquad (4\text{-}15)$$

式中，Q_{O_2} 为氧气生产的物质量，单位为 t/a；Q'_{O_2} 为单位时间单位面积水域浮游植物产生的氧气量，单位为 $mg/(m^2 \cdot d)$；S 为评估海域的水域面积，单位为 km^2；$Q_{O_2}^M$ 为大型藻类产生的氧气量，单位为 t/a。

浮游植物初级生产提供氧气的计算公式为

$$Q'_{O_2} = 2.67 \times Q_{pp} \qquad (4\text{-}16)$$

式中，Q'_{O_2} 为单位时间单位面积水域浮游植物产生的氧气量，单位为 $mg/(m^2 \cdot d)$；Q_{pp} 为浮游植物的初级生产力，单位为 $mg/(m^2 \cdot d)$。

浮游植物的初级生产力数据宜采用评估海域实测初级生产力数据的平均值。若评估海域内初级生产力空间变化较大，宜采用按克里金插值后获得的分区域初级生产力平均值进行分区计算，再进行加总。

大型藻类初级生产产生氧气的计算公式为

$$Q_{O_2}^M = 1.19 \times Q_A \qquad (4\text{-}17)$$

式中，$Q_{O_2}^M$ 为大型藻类产生的氧气量，单位为 t/a；Q_A 为大型藻类的干重，单位为 t/a。

B. 价值量评估。

氧气生产的价值量应采用替代成本法进行评估。计算公式为

$$V_{O_2} = Q_{O_2} \times P_{O_2} \times 10^{-9} \qquad (4\text{-}18)$$

式中，V_{O_2} 为氧气生产价值，单位为万元/a；Q_{O_2} 为氧气生产的物质量，单位为 t/a；P_{O_2} 为人工生产氧气的单位成本，单位为元/t。

人工生产氧气的单位成本宜采用评估年份钢铁业液化空气法制造氧气的平均生产成本，主要包括设备折旧费用、动力费用、人工费用等。也可根据评估海域实际情况进行调整。

2）海洋调节服务

（1）气候调节评估。

根据《海洋生态资本评估技术导则》（GB/T 28058—2011）中气候调节的评估方法来评估气候调节服务。

A. 物质量评估。

基于海洋吸收大气二氧化碳的原理计算,适用于有海气界面二氧化碳通量监测数据的大面积海域评估。气候调节的物质量等于评价海域的水域面积乘以单位面积水域吸收二氧化碳的量。

B. 价值量评估。

气候调节的价值量应采用替代市场价格法进行评估。计算公式为

$$V_{CO_2} = Q_{CO_2} \times P_{CO_2} \times 10^{-4} \qquad (4-19)$$

式中,V_{CO_2} 为气候调节价值,单位为亿元/a;Q_{CO_2} 为气候调节的物质量,单位为 t/a;P_{CO_2} 为二氧化碳排放权的市场交易价格,单位为元/t。

二氧化碳排放权的市场交易价格宜采用评估年份我国环境交易所或类似机构二氧化碳排放权的平均交易价格。

(2)废物处理评估。

工程用海对净化功能的影响包括两个方面:一方面,工程用海对修复范围内的滨海湿地净化功能的破坏,湿地具有分解、吸附、吸收、转化、沉淀等净化功能;另一方面,人类活动改变区域的潮流运动特性,引起泥沙冲淤和污染物迁移规律的变化,降低水环境容量和污染物扩散能力,并加快污染物在海底积聚,从而破坏或削弱了海域水体物理自净功能。根据高婵[72]在填海造地对海洋生态系统服务功能价值损失估算中,得出 COD 去除成本为 4300 元/t,单位面积海水能去除 COD 的量 149.52/(km²·a)。通过计算可得,单位面积废物处理功能价值损失为 6429.36 元/(a·hm²)。

废物处理功能价值损失估算模型为

$$V_{dl} = 6429.36 \times S \qquad (4-20)$$

式中,V_{dl} 为滨海湿地净化功能年价值损失量,单位为元/a;S 为修复范围面积,单位为 hm²。

3)海洋文化服务

(1)休闲娱乐功能。

根据谢高地等[73]对我国生态系统各项生态服务价值平均单位的估算结果,我国湿地生态系统单位面积的娱乐休闲功能为 4910.9 元/(a·hm²)。因此,娱乐休闲功能价值年损失量估算模型为

$$V_e = 4910.9 \times S \qquad (4-21)$$

式中,V_e 为娱乐休闲功能价值年损失量,单位为元/a;S 为修复范围面积,单位为 hm²。

(2)科研教育功能。

大多数学者借鉴陈仲新等[74]对我国生态效益的估算结果,我国单位面积生态系统的科研服务价值为 355 元/(a·hm²)。因此,科研教育功能价值年损失估算模型为

$$V_{\rm f} = 355 \times S \tag{4-22}$$

式中，$V_{\rm f}$ 为科研教育功能价值年损失量，单位为元/a；S 为修复范围面积，单位为 hm²。

4）海洋支持服务

海洋支持服务指对于其他生态系统服务的产生所必需的那些基础服务。近海和滩涂区是许多生物的生息繁衍和水鸟的越冬场所。用海区域可归属于 –6m 以浅水深的滨海湿地生态系统，是许多海洋生物的重要栖息地，生物多样性价值高。

生物多样性分为基因多样性、种群多样性和生态系统多样性。生物多样性维持价值包括生态系统在传粉、生物控制、庇护和遗传资源四方面的价值。滨海湿地在生物庇护方面表现出极高的生态经济价值。由于资料有限，本书采取成果参照法估算生物多样性价值，根据谢高地等[73]对我国生态系统各项生态服务价值平均单价的估算结果，湿地生态系统单位面积的生物多样性维持价值为2122.2 元/(a·hm²)。海洋支持服务价值的计算公式为

$$W = 2122.2 \times S \tag{4-23}$$

式中，W 为海洋支持服务价值，单位为元/a；S 为修复范围面积，单位为 hm²。

7. 土壤与地下水生态环境损害评估

土壤与地下水生态环境损害评估引用生态环境部 2018 年 12 月发布的《生态环境损害鉴定评估技术指南　土壤与地下水》。

1）土壤与地下水损害实物量化

将土壤与地下水中特征污染物浓度、生物种群数量和密度等相关指标的现状水平与基线水平进行比较，分析土壤与地下水环境及其生态服务功能受损的范围和程度，计算土壤与地下水环境及其生态服务功能损害的实物量。

（1）损害程度量化。

损害程度量化主要是对土壤与地下水中特征污染物浓度、生物种群数量和密度等相关指标超过基线水平的程度进行分析，为生态环境恢复方案的设计和后续的费用计算、价值量化提供依据。

A. 评估指标为污染物浓度。

基于土壤、地下水中特征污染物平均浓度与基线水平，确定每个评估区域土壤与地下水的受损害程度：

$$K_i = \frac{T_i - B}{B} \tag{4-24}$$

式中，K_i 为某评估区域土壤与地下水的受损害程度；i 表示某评估区域；T_i 为某评估区域土壤与地下水中特征污染物的平均浓度；B 为土壤与地下水中特征污染物的基线水平。

基于土壤与地下水中特征污染物平均浓度超过基线水平的区域面积占总调查区域面积的比例，确定评估区域土壤与地下水的受损害程度：

$$K = \frac{N_0}{N} \tag{4-25}$$

式中，K 为超基线率，即评估区域土壤与地下水中特征污染物平均浓度超过基线水平的区域面积占总调查区域面积的比例；N_0 为评估区域土壤与地下水中特征污染物平均浓度超过基线水平的区域面积；N 为土壤与地下水调查区域面积。

B. 评估指标为土壤与地下水生态服务功能。

如果土壤与地下水的生态服务功能受损，根据生态服务功能的类型特点和区域实际情况，选择适合的评估指标。如采用资源对等法，可用指示性生物物种种群数量、密度、结构，群落组成、结构，生物物种丰度等指标表征生态服务功能受损害程度；如采用服务对等法，可用面积、体积等指标表征。基于土壤、地下水生态服务功能现状与基线水平，确定评估区域土壤与地下水生态服务功能的受损害程度：

$$K_1 = \frac{S_1 - B_1}{B_1} \tag{4-26}$$

式中，K_1 为土壤与地下水生态服务功能的受损害程度；S_1 为土壤与地下水生态服务功能指标的现状水平；B_1 为土壤与地下水生态服务功能指标的基线水平。

（2）损害范围量化。

根据各采样点位土壤与地下水损害确认和损害程度量化的结果，分析受损土壤与地下水点位的位置和深度。在充分获取土壤和水文地质相关参数的情况下，构建调查区土壤与地下水污染概念模型，采用空间插值方法，模拟未采样点位土壤与地下水的损害情况，获得受损土壤与地下水的二维、三维空间分布，并根据需要模拟土壤与地下水中污染物的迁移扩散情况，明确土壤与地下水当前的损害范围及在评估时间范围内可能的损害范围，计算目前和在评估时间范围内可能受损的土壤、地下水面积与体积。地下水中污染物的迁移扩散模拟可参照《地下水污染模拟预测评估工作指南（试行）》（环办〔2014〕99 号）。

根据土壤与地下水不同类型生态服务功能损害确认的结果，分析不同类型生态服务功能的损害范围和程度，如指示物种的活动范围和活动水平、植被覆盖度、旅游人次等指标的变化。

2）土壤与地下水损害恢复

损害情况发生后，如果土壤与地下水中的污染物浓度在两周内恢复至基线水平，生物种类和丰度及其生态服务功能未观测到明显改变，参照《突发环境事件应急处置阶段环境损害评估推荐方法》（环发〔2014〕118 号）中的方法和要求进行污染清除和控制等实际费用的统计计算。

　　如果土壤与地下水中的污染物浓度不能在两周内恢复至基线水平，或者生物种类和丰度及其生态服务功能观测到明显改变，应判断受损的土壤与地下水环境及其生态服务功能是否能通过实施恢复措施进行恢复，如果可以，基于替代等值分析方法，制订基本恢复方案，并根据期间损害，制订补偿性恢复方案；如果制订的恢复方案未能将土壤与地下水环境及其生态服务功能完全恢复至基线水平并补偿期间损害，制订补充性恢复方案。

　　如果受损土壤与地下水环境及其生态服务功能不能通过实施恢复措施进行恢复或完全恢复到基线水平，或不能通过补偿性恢复措施补偿期间损害，利用环境价值评估方法对未予恢复的土壤与地下水环境及其生态服务功能损失进行计算。

　　8. 尾矿库环境风险评估

　　尾矿库环境风险评估引用环境保护部 2015 年 3 月发布的《尾矿库环境风险评估技术导则（试行）》。

　　1）尾矿库环境风险预判

　　从尾矿库的类型、规模、周边环境敏感性、安全性、历史事件与环境违法情况五个方面，利用尾矿库环境风险预判表对尾矿库环境风险进行初步分析，对于满足预判表中任何条件之一的尾矿库即认定为重点环境监管尾矿库，需要进一步开展后续的环境风险评估工作。非重点环境监管尾矿库只需开展风险预判工作，并记录风险预判过程和预判结果。

　　2）尾矿库环境风险等级划分

　　利用层次分析法，从尾矿库的环境危害性（H）、周边环境敏感性（S）、控制机制可靠性（R）三方面进行尾矿库环境风险等级划分。

　　（1）环境危害性（H）。

　　采用评分方法，对类型、性质和规模三方面（表 4-16）指标进行评分与累加求和，评估尾矿库环境危害性（H）。

表 4-16　尾矿库环境危害性（H）等级划分指标体系

序号	指标项目				指标分值
1	尾矿库环境危害性	类型	矿种类型/固体废物类型/尾矿（或尾矿水）成分类型		48
2		性质	特征污染物指标浓度情况	浓度倍数情况　pH 值	8
3				指标最高浓度倍数	14
4			浓度倍数 3 倍及以上指标项数		6
5		规模	现状库容		24

　　依据尾矿库环境危害性等级划分表（表 4-17），将环境危害性（H）划分为 H1、H2、H3 三个等级。

表 4-17 尾矿库环境危害性（H）等级划分表

尾矿库环境危害性得分（D_H）	尾矿库环境危害性等级代码
$D_H > 60$	H1
$30 < D_H \leq 60$	H2
$D_H \leq 30$	H3

（2）周边环境敏感性（S）。

采用评分方法，对尾矿库下游涉及的跨界情况、周边环境风险受体情况、周边环境功能类别情况三方面（表 4-18）指标进行评分与累加求和，评估尾矿库周边环境敏感性（S）。

表 4-18 尾矿库周边环境敏感性（S）等级划分指标体系

序号	指标项目					指标分值
1	尾矿库周边环境敏感性	下游涉及的跨界情况	涉及跨界类型			18
2			涉及跨界距离			6
3		周边环境风险受体情况				54
4		周边环境功能类别情况	水环境	下游水体	地表水	9
5					海水	
6				地下水		6
7			土壤环境			4
8			大气环境			3

依据尾矿库周边环境敏感性等级划分表（表 4-19），将周边环境敏感性（S）划分为 S1、S2、S3 三个等级。

表 4-19 尾矿库周边环境敏感性（S）等级划分表

尾矿库周边环境敏感性得分（D_S）	尾矿库周边环境敏感性等级代码
$D_S > 60$	S1
$30 < D_S \leq 60$	S2
$D_S \leq 30$	S3

（3）控制机制可靠性（R）。

采用评分方法，对尾矿库的基本情况、自然条件情况、生产安全情况、环境保护情况和历史事件情况五方面（表 4-20）指标进行评分与累加求和，评估尾矿库控制机制可靠性（R）。

表 4-20　尾矿库控制机制可靠性（R）等级划分指标体系

序号	指标项目				指标分值
1	尾矿库控制机制可靠性	基本情况	堆存	堆存种类	1.5
2				堆存方式	1
3				坝体透水情况	2
4			输送	输送方式	1.5
5				输送量	1
6				输送距离	1.5
7			回水	回水方式	1
8				回水量	0.5
9				回水距离	1
10			防洪	库外截洪设施	2
11				库内排洪设施	2
12		自然条件情况	是否处于按《地质灾害危险性评估技术要求（试行）》评定为"危害性中等"或"危害性大"的区域，或者处于地质灾害易灾区、岩溶（喀斯特）地貌区		9
13		生产安全情况	尾矿库安全度等级		15
14		环境保护情况	环保审批	是否通过"三同时"验收	8
15			污染防治	水排放情况	3
16				防流失情况	1.5
17				防渗漏情况	2.5
18				防扬散情况	1.5
19			环境应急	环境应急设施	事故应急池建设情况	5
20					输送系统环境应急设施建设情况	2
21					回水系统环境应急设施建设情况	1.5
22				环境应急预案	6.5
23				环境应急资源	2
24				环境监测预警与日常检查	监测预警	2
25					日常检查	2
26				环境安全隐患排查与治理	环境安全隐患排查	3
27					环境安全隐患治理	2.5
28			环境违法与环境纠纷情况	近三年来是否存在环境违法行为或与周边存在环境纠纷		7
29		历史事件情况	近三年来发生事故或事件情况（包括安全和环境方面）	事件等级	8
30				事件次数	3

依据尾矿库控制机制可靠性等级划分表（表 4-21），将控制机制可靠性（R）划分为 R1、R2、R3 三个等级。

表 4-21　尾矿库控制机制可靠性（R）等级划分表

尾矿库控制机制可靠性（D_R）	尾矿库环境危害性等级代码
$D_R > 60$	R1
$30 < D_R \leqslant 60$	R2
$D_R \leqslant 30$	R3

（4）环境风险等级划分。

综合尾矿库环境危害性（H）、周边环境敏感性（S）、控制机制可靠性（R）三方面的等级，对照尾矿库环境风险等级划分矩阵（表 4-22），将尾矿库环境风险划分为重大、较大、一般三个等级。

表 4-22　尾矿库环境风险等级划分矩阵

序号	情形			环境风险等级
	环境危害性（H）	周边环境敏感性（S）	控制机制可靠性（R）	
1	H1	S1	R1	重大
2			R2	重大
3			R3	较大
4		S2	R1	重大
5			R2	较大
6			R3	较大
7		S3	R1	重大
8			R2	较大
9			R3	一般
10	H2	S1	R1	重大
11			R2	较大
12			R3	较大
13		S2	R1	较大
14			R2	一般
15			R3	一般
16		S3	R1	一般
17			R2	一般
18			R3	一般

续表

序号	情形			环境风险等级
	环境危害性（H）	周边环境敏感性（S）	控制机制可靠性（R）	
19	H3	S1	R1	较大
20			R2	较大
21			R3	一般
22		S2	R1	一般
23			R2	一般
24			R3	一般
25		S3	R1	一般
26			R2	一般
27			R3	一般

（5）环境风险等级表征。

尾矿库环境风险等级可表征为"环境风险等级（环境危害性等级代码+周边环境敏感性等级代码+控制机制可靠性等级代码）"。例如：环境危害性为 H1 类，周边环境敏感性为 S2 类，控制机制可靠性为 R3 类的尾矿库环境风险等级可表征为"较大（H1S2R3）"。

4.4.6　效果后评估

1. 海岸形态效果评估

通过形态指数来评价海岸形态的优美度：

$$Q_i = \frac{L_i}{d_i} \tag{4-27}$$

式中，Q_i 为海岸形态指数；L_i 为海岸总长度；d_i 为海岸的起止点距离。Q_i 表现海岸的曲折程度，曲折程度越大，即 Q_i 越大，说明海岸形态越优美，越健康。海岸形态效果评估标准见表 4-23。

表 4-23　海岸形态效果评估标准

分级阈值	基本分类
$Q > 1.5$	岬角或海湾式海岸
$1.5 \leqslant Q \leqslant \mathrm{Min}\{中值, 平均值\}$	自然形态保持完好海岸
$Q \in \{中值, 平均值\}$	基本保持自然形态海岸
$1.0 \leqslant Q \leqslant \mathrm{Min}\{中值, 平均值\}$	自然形态受损海岸

2. 海岸景观修复效果评估

参考 4.4.5 节的评估方法，进行修复前后的对比分析。

3. 水质改善效果评估

分析修复前后的水质状况，计算特征污染物不同污染程度，确定《海水水质标准》（GB 3097—1997）中各类海水水质标准值及背景值的海域范围和面积，进行对比分析。

4. 生态系统服务功能效果评估

参考 4.4.5 节的评估方法，进行修复前后的对比分析。

5. 土壤修复效果评估

参考《污染地块风险管控与土壤修复效果评估技术导则（试行）》（HJ 25.5—2018）。

6. 矿山修复效果评估

参考《矿山生态环境保护与恢复治理技术规范（试行）》（HJ 651—2013）。

第5章 大连市自然海岸资源管控
长效机制应用示范

大连市自然海岸资源管控长效机制建设有利于探索海岸科学管理的新路径。构建国土空间开发保护制度，积极推进沿海产业、城乡、土地、港口、海洋、环保等制度的陆海资源统筹管理，可以引导、促进海岸资源合理配置和产业优化布局。以海岸资源辐射区为核心，由沿海地区向内陆山区梯度推进，有效保护自然海岸资源。全面贯彻党的十九大精神，遵循习近平总书记提出的"绿水青山就是金山银山"理念。坚持保护优先、坚持节约利用、坚持陆海统筹、坚持科学整治、坚持绿色共享。规范海岸资源开发秩序，调控海岸资源开发的规模和强度，合理配置海岸资源，促进海岸资源保护与集约利用，切实保护海岸生态景观环境，推进海洋生态文明建设，实现"美丽大连、美丽中国"的宏伟目标。

2020年，大连市发布《大连市加快建设海洋中心城市的指导意见》[75]，明确提出建设海洋中心城市的五大核心任务及阶段目标。按照建设目标，第一阶段到2025年，建成中国北方重要的海洋中心城市，海洋经济增加值比2018年翻一番；第二阶段到2035年，建成东北亚海洋中心城市，海洋经济实现高质量发展。近年来，大连市海洋经济总量持续增长，对促进国民经济和社会发展发挥着重要的作用，但仍表现出供给侧对需求侧变化适应性调整明显滞后、传统海洋产业产能过剩的关键问题[76]。

5.1 大连市海岸概况

5.1.1 地理概况与区位条件

大连市地处欧亚大陆东岸，中国东北辽东半岛最南端，东濒黄海，西临渤海，南与山东半岛隔海相望，北倚东北三省及内蒙古东部广阔腹地。大连又处于东北亚经济区和环渤海经济圈的重要区域，与日本、韩国、朝鲜、俄罗斯远东地区相邻，是东北、华北、华东以及世界各地的海上门户，是重要的港口、贸易、工业、旅游城市。

截至2017年，大连市下辖7个市辖区、1个县，代管2个县级市，包括中山区、西岗区、沙河口区、甘井子区、旅顺口区、金州区、普兰店区、长海县、瓦房店市、庄河市。2017 年大连市行政区面积分布见图 5-1。

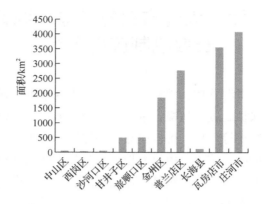

图 5-1　2017 大连市行政区面积分布

大连是一个因港而起、因港而兴、因港而强的城市，城市的产生、发展、壮大一直与海密切相关。因此，大连市的城市定位充分体现出一直在向海谋求发展，由普通"港口、工业、旅游"城市到"国家主枢纽港、区域商贸、物流、旅游、金融、信息中心"，再到"东北亚国际航运中心、东北地区外向型经济中心"和"风景旅游与宜居的国际名城"，这一系列城市功能的转变，体现了海洋对大连城市发展的重要性在逐步加强。在实际发展中，大连市一直通过海洋的利用来增强城市的功能，提升大连市在区域中的地位和竞争力。海洋给了大连城市发展源源不断的动力，使大连在东北、国家、东北亚等区域范围的地位不断提升，城市功能不断增强。

5.1.2　海域自然环境与资源情况

1. 自然环境

1）地形地貌

距今 25 亿～18 亿年前的太古代和下元古代，大连地区的地层经历多次地壳运动褶皱形成变质岩结晶基底，至中元古代，大连乃至整个辽东半岛升为陆地，从此接受风化剥蚀而未能发育沉积地层。10 亿年前的晚元古代和 6 亿年后的古生代震旦纪，沉积了硅质碎屑岩、泥质岩和碳酸盐岩，大连南部海滨则发育石英砂岩、板岩和千枚岩，金州的黄海侧广布灰岩、砂岩、页岩、白云岩等，城子坦等地分布太古代的片麻岩、变粒岩、斜长角闪岩等。

在地质构造上，大连地区处于华北地区的东部，与一般地区不同的是，这里曾发生强烈的构造变形和错位，发育鲜活的构造形迹。在板块运动影响下，中生代后大连地区处于大陆边缘活动带而发生强烈地壳运动，至三叠纪的印支运动使整个辽南地盘上升，而从此脱离海洋环境。距今 1.9 亿年中生代的侏罗纪燕山运动，使得断裂变得十分活跃，并伴有花岗岩侵入和岩浆岩喷出，在印支运动抬升的地块上形成了小型构造盆地，辽东半岛轮廓至此基本形成。经历上述多次地质构造，大连黄海一侧沉积盖层发育复杂的逆冲推覆体构造、韧性断层带、平卧褶皱、侧卧褶皱及拉伸正断层等构造形迹，如棒棰岛海滨倾覆背斜、老虎滩歪斜褶皱、星海公园探海洞断层以及陡峭岩壁的窗棂构造、石香肠构造、叠瓦状构造等。

2）气候气象

大连市位于北半球的暖温带地区，具有海洋性特点的暖温带大陆性季风气候，冬无严寒，夏无酷暑，四季分明，降雨集中，季风明显。据《大连市 2013 年度气候公报》显示，2013 年全年大连地区平均气温 10.3℃，年极端最高气温 34.6℃，年极端最低气温-22.3℃，平均降水量为 803.5mm。2013 年全年日照总时数为 2500～2800h，观测到霾天气现象 20 天，空气质量优的天数为 76 天，空气质量良的天数为 246 天，相比以往有所下降。

3）海洋水文与径流

大连海域海水平均温度为 11.2℃，最高温度为 26.2℃，最低温度为-1.9℃。黄海北部平均水深 40m，盐度 32‰，渤海平均水深 18m，盐度低于 30‰，黄海北部以 SE、SW 向为常浪向和强浪向，平均波高 0.4～0.5m，最大波高 8.0m，渤海以 NNE 向为强浪向，SSW 向为常浪向，平均波高 0.2～0.9m。黄海北部潮汐为正规半日潮，潮差由东向西递减，渤海为不正规半日潮，潮差自南向北递增。

大连地区主要有黄海流域和渤海流域两大水系。注入黄海的较大河流有碧流河、英纳河、庄河、赞子河、大沙河、登沙河、清水河、马栏河等；注入渤海的主要河流有复州河、李官村河、三十里堡河等。其中，最大的河流为碧流河，是市区跨流域引水的水源河流。另外，还有 200 多条小河。

2. 自然资源

1）海域面积及海域构成

大连近海海域面积约为 30100km²，其中滩涂面积约为 1121km²，0～2m 海域面积约为 474km²，2～5m 海域面积约为 962km²，5～10m 海域面积约为 1717km²，10～20m 海域面积约为 3292km²，20～50m 海域面积约为 14429km²，50m 以上海域面积约为 8581km²，海域面积居辽宁之首，占全省海域面积的 81%，宜港水深条件优越，海域资源开发利用和海洋经济发展的潜力巨大。

滩涂集中分布于普兰店湾和长兴岛四周以及北黄海北部，其中渤海岸段滩涂面积约为 159km²，黄海北部滩涂约为 361km²，宽度为 2～3km。滩涂按底质可分泥滩、泥沙滩、沙滩三种。泥滩主要限于高潮位，附近颗粒细小，质地黏重、透气性差，只生长宽身大眼蚴。泥沙滩主要分布于庄河等地中潮位附近，文蛤、青蛤、兰蛤、泥螺、鲳螺居多，是贝类栖息带，开发价值高。

2）岸线资源

大连是我国的海洋大市，横跨黄、渤二海，其大陆海岸线东起庄（河）～东（港）海域分界线，西止浮渡河口，全长约 1420km，占辽宁省大陆岸线的 59%，占全国大陆海岸线的 7.5%，其中渤海大陆岸线长度约为 640km，黄海大陆岸线长度约为 780km。

3）海湾资源

大连地区共有海湾 39 个，总面积 1870km²。其中，面积大于 200km² 的有普兰店湾和金州湾，面积在 100～200km² 的有复州湾、大连湾、青堆子湾和葫芦山湾，面积在 50～100km² 的有董家口湾、复盐八场湾和庄河口湾，其余海湾的面积皆小于 50km²，最小的河口湾不足 0.1km²。这些海湾依其成因，可分为原生构造海湾（大连湾、普兰店湾、大小窑湾）、次生河口湾（青堆子湾、复州湾）、河口湾。

4）海岛资源

大连地区岛屿星罗棋布，共有礁坨 251 个，其中 70% 集中于黄海北部海区，最大岛屿为长兴岛，面积 223km²，是中国第五大岛。大连海岛众多、分布广泛、风光旖旎、环境优美、旅游资源丰富多样、开发潜力巨大，由于区位、经济、政治、文化等方面因素，目前多处于未开发状态。除长山列岛外，大连重要海岛主要有长兴岛、石城列岛、三山岛、蛇岛、东西大连岛、东西蚂蚁岛等。

5）海洋物质资源

（1）海洋生物资源。

大连海域海洋生物有三大类共 209 科、414 种，分别占辽宁省海洋生物类和海洋生物资源总量的 48% 和 86%。藻类共 150 多种，分属绿藻门、褐藻门和红藻门，其中 50 多种具有经济价值，海带、裙带菜人工养殖面积较大。无脊椎动物约4850 种，野生脊椎动物约 765 种。其中，具有经济价值或常见的无脊椎动物有132 种，野生脊椎动物有 442 种。人工养殖的鱼虾、鲍鱼、刺参、扇贝、紫海胆等海珍品产量可观。

大连市共有国家级野生动物保护区三个，分别是以蝮蛇、候鸟为代表的辽宁蛇岛老铁山国家级自然保护区，以斑海豹为代表的辽宁大连斑海豹国家级自然保护区，以黑脸琵鹭、黄嘴白鹭为代表的庄河市石城乡附近海域和岛屿自然保护区。

（2）矿产资源。

A. 锆英石。

锆英石主要分布在庄河的英纳河和金州的登沙河至亮甲店。

分布在英纳河的砂矿，其中的锆英石含量在 $1500 \sim 2000 \text{g/m}^3$，与之伴生的矿物有磁铁矿、屑石、柘榴子石及石英等。

分布在登沙河—亮甲店的砂矿，其成因类型有残积砂矿、坡积砂矿、海流交替砂矿、沙坝沙咀砂矿等。以后者最好，位于地表，品位高，矿层集中。矿体呈层状、透镜状分布。平均厚 $0.5 \sim 1.0 \text{m}$，长 $100 \sim 200 \text{m}$，宽 $20 \sim 200 \text{m}$。与其共生的矿物有屑石、磁铁矿、金红石、钛铁矿、独居石、自然金等。锆英石平均品位在 $1500 \sim 3000 \text{g/m}^3$。锆英石中含有分散元素铬，储量 C1+C2 级为 4288t。

B. 砂砾石矿。

旅顺柏岚子、大艾子口、羊头洼等地区的砾石分布广泛，长×宽×厚为 $10 \text{cm} \times 5 \text{cm} \times 3 \text{cm}$，最大者可达 $20 \text{cm} \times 10 \text{cm} \times 5 \text{cm}$。其磨圆好，可做冶金、化肥业之磨球，小砾石亦可做建筑、道路装饰用。

水下潮流沙脊，在水深 20m 以浅的瓦房店华铜镇外海，发育 $3 \sim 4$ 条长条形、比高 $10 \sim 19 \text{m}$ 的水下沙脊。表层物质砂含量占 90%～97%，砾石占 2.00%～2.60%。已探明 C 级储量为 32000000t。

（3）海盐资源。

辽宁省沿海有丰富的海盐资源，是全国四大海盐生产基地之一。大连是辽宁省产盐大市，拥有全省六大盐场中的四个：复州湾盐场、皮子窝化工厂、金州盐场和旅顺盐场。

复州湾盐场是我国七大盐场之一，建于 1948 年，位于瓦房店市西南沿海，南、西、北三面濒临渤海的普兰店湾、葫芦山湾和复州湾等海域，占海岸线 90 余千米，含六个乡镇，占地面积约为 1493 万 m^2。复州湾盐田为砂性土、清砂性土、二合土和黑泥土，后两者渗漏小，适合晒盐，占滩涂面积的 30%。区域内海水盐度为 30‰，年平均气温为 9.6℃，最高可达 30℃，年日照时数为 2702.0h，日照百分率为 68%，年降水量为 612.0mm，蒸发量为 1693.2mm，风速为 3.7m/s，有利于海盐生产。

皮子窝化工厂为辽宁省重要的海盐和盐化工基地，其盐田面积总和为 20km^2；而东老滩盐场和新滩盐场则重组为大连皮口盐业有限公司，盐田面积 37km^2，其中有 1km^2 的养殖育苗池。

金州盐场分布在金普新区、普兰店区和瓦房店市，东起金州区杏树屯，西至稻香村，南至大房身，北达瓦房店市阴凉岭，其中渤海一侧盐田面积大于黄海一侧。下设七个分场和三个化工厂，现有盐田面积2847hm^2，生产面积2579hm^2。

旅顺盐场分布在老铁山东部沿海和双岛湾及甘井子区营城子沿海，下设三个分场。旅顺盐场土层渗透率小，为0.3%～0.4%，纳潮海水盐度在27‰～28‰，盐区年平均气温为10.7℃，最高可达35.1℃，年日照时数为2539.3h，日照百分率为57%，年降水量为568.0mm，在全省各个盐场中，旅顺盐场平均单产最高。

（4）海洋能源资源。

海洋能源资源一般指海洋中蕴藏的可再生资源，包括海洋潮汐能和海洋风能等。

A. 海洋潮汐能。

根据已有水文资料分析，全省沿海各区涨潮历时较短，落潮历时较长，涨落潮共历时12h24min。其中鸭绿江口至南尖村段，平均潮差4m左右，南尖村至青云河口段，平均潮差2～3m，此段因地势较高，多浅滩，退潮时大多潮滩裸露。青云河口以西至双岛湾段，平均潮差1.4～2.2m。双岛湾以西至葫芦山咀、平均潮差1.6～2.0m。葫芦山咀以西，平均潮差1.0～2.1m。年内潮汐的变化，以7～9月份潮位较高，12月至翌年2月潮位较低。除气象与地形影响外，夏季多南风和东南风，冬季多北风，并有冰冻，它们对潮流均有影响。月内，以朔望后二、三天潮位较高（即农历初三、初四、初五、十六、十七、十八），上、下弦后二、三天潮位较低（即农历初九、初十、十一、二十三、二十四、二十五）。从海流流速看，大连老铁山水道流速最大，最高可达2.6m/s，此处涨、落潮延时较长，其深水直逼岸边，地势陡峭。

B. 海洋风能。

大连地区三面环海，海岸线一带风速普遍偏大，并以长兴岛、东岗—华铜沿线风速最大。整体而言，瓦房店地区、金普新区、甘井子区、旅顺口区风速偏大，普兰店、庄河所辖区域风速偏小。除沿海外，瓦房店、普兰店与盖州交界处，以及庄河北部与盖州、岫岩交界处风速较大。

大连全市以南风（S）、西南偏南风（SSW）为主导风向，以北风（N）为次多风向，主要分布在辽南。除上述主导风向外，许多地区的次多及再次多风向出现频率也很高。对大部分地区而言，南风及偏南风、北风与偏北风是各地多见风向，具有明显的季风气候特点。由于偏多风向比较明显，且集中在偏北和偏南方位，比较有利于风电场风机布局。全市各地最大风速的风向通常为偏西南风。

2008 年，大连市启动海上风电规划，期间与庄河市、大连市、辽宁省、国家海洋渔业部门多次沟通协调，于 2013 年 7 月正式得到国家能源局的批复同意。此次共规划庄河和花园口两个区域八块场址，总装机容量 190 万 kW·h，预计总投资约 380 亿元。对于拉动包括装备研发、设备制造、港口航运、金融等产业的发展具有重要作用。

6）旅游资源

大连主要旅游资源分四个方面叙述：天然海水浴场、风景名胜区、典型地质遗迹和自然保护地。

（1）天然海水浴场。

截至 2021 年，大连海水浴场共 60 余处，主要集中分布在辽东湾东岸以及黄海北部沿岸，主要的大型海水浴场有金石滩黄金海岸浴场、付家庄浴场、星海浴场、塔河湾浴场、月亮湾浴场、棒槌岛浴场、仙浴湾浴场、夏家河子浴场等。

（2）风景名胜区。

大连市内国家级风景名胜区有金石滩风景名胜区、大连南部—旅顺南部海滨风景名胜区。近十几年由于旅游业发展的需要，风景名胜区的范围不断扩大，开发程度逐年提高。如大连南部海滨风景名胜区由原来八个景区不断地向东、向西拓展，东部的东海公园是具有现代观念的一个景区，对国内外游人有极大的吸引力。

大连市风景名胜区呈现以下特点：多分布于大连市内及周边滨海区域，瓦房店、普兰店、庄河没有分布；绝大多数景区集中分布于北黄海一侧，渤海只有一个；绝大多数景点为人文景观，自然景观很少，且开发程度较低。

（3）典型地质遗迹。

具有重要美学价值和历史文化价值的地质遗迹称为地质遗迹景观或地质景观，是一种独特的资源。重要的地质景观是国家的宝贵财富，是生态环境和旅游资源的重要组成部分，属于自然遗产。

大连滨海国家地质公园，由金石滩、大黑山、南部海岸和旅顺口四个园区组成。公园内地质遗迹资源丰富，浓缩了 28 亿年以来的地质奇观，是一座集地质科研、观光旅游、教学实习、科普教育为特色的综合型城市海岸线地质公园，也是全国唯一以海岸地貌景观为代表的海岸线国家地质公园。

（4）自然保护地。

截至 2021 年，大连现有各类自然保护地 36 个。其中，自然保护区 11 个（国家级自然保护区 4 个，省级自然保护区 1 个，市级自然保护区 6 个）；森林公园

14 个（国家级森林公园 10 个，省级森林公园 4 个）；风景名胜区 3 个（国家级风景名胜区 2 个，省级风景名胜区 1 个）；国家级海洋公园 4 个；地质公园 4 个（国家级地质公园 2 个、省级地质公园 2 个）。

5.1.3 海洋生态环境情况

1. 海水质量

2018 年，大连市分别于 3 月、5 月、8 月和 10 月开展了海水质量监测。监测结果显示，全市优良水质面积为 27328km^2，占全市海域总面积的 91%，较上年增加了三个百分点，其中符合第一类海水质量标准的海域面积比例为 78%，海水质量稳中向好。普兰店湾、大连湾、青堆子湾等局部海域污染较重，主要污染要素是无机氮和活性磷酸盐。

大连市呈富营养化的海域年平均面积为 1866km^2，海水富营养化程度较轻，全年仅普兰店湾、青堆子湾在 8 月出现重度富营养化状态，面积为 146km^2。

2018 年 5 月和 8 月，在大连近岸共布设 15 个监测站位开展了海洋生物多样性监测，其中 8 个在渤海区，7 个在黄海区。监测内容包括浮游植物、浮游动物和大型底栖生物的种类组成和数量分布。监测结果表明，大连近岸监测区域生物多样性总体稳定，未发生较大波动。

按照《水污染防治行动计划》，优良水质指符合《海水水质标准》（GB 3097—1997）中第一类和第二类海水标准的水质。富营养化状态依据富营养化指数（$E_{富营养化指数}$）计算结果确定，其计算公式为

$$E_{富营养化指数} = \frac{\left[COD_{浓度} \times (NH)_{3浓度}^+ \times P_{浓度}^+ \right] \times 10^6}{4500} \quad (5\text{-}1)$$

式中，COD 为化学需氧量；$(NH)_3^+$ 为无机氮；P^+ 为活性磷酸盐。当 $E_{富营养化指数} \geqslant 1$ 时，为富营养化；当 $1 < E_{富营养化指数} \leqslant 3$ 时，为轻度富营养化；当 $3 < E_{富营养化指数} \leqslant 9$ 时，为中度富营养化；当 $E_{富营养化指数} > 9$ 时，为重度富营养化。

2018 年全市监测 174 个入海排污口，其中黄海沿岸 161 个，渤海沿岸 13 个。全年共监测 693 次，其中超标 17 次，超标率为 2.5%。共有 9 个入海排污口出现超标情况，超标项目为化学需氧量、氨氮、总氮和总磷，超标的入海排污口主要集中在大连湾、金州湾和普兰店湾。入海排污口超标率整体呈现下降趋势，第 4 季度全市入海排污口实现全部达标。

2. 海洋功能区环境状况

海水养殖区。对庄河滩涂贝类养殖区、大李家浮筏养殖区、长海海水养殖区

和旅顺西湖咀养殖区开展了海水质量、沉积物质量和生物质量监测与评价。海水养殖区综合环境质量评价结果显示，上述四个海水增养殖区综合环境质量等级均为优良，适宜养殖。

滨海旅游度假区。2018 年 4 月 24 日至 10 月 7 日，对大连金石滩国家旅游度假区开展了为期 167 天的连续监测。结果表明，水质年平均指数为 4.7，海滨观光、海上观光、沙滩娱乐年平均指数分别为 3.8、3.7 和 3.6，很适宜开展休闲（观光）活动。因受北方气温及水温偏低影响，海面状况和游泳年平均指数分别为 3.2 和 2.7，适宜开展游泳的时段较短。

海水浴场。对大连棒棰岛、金石滩、泊石湾、付家庄、星海湾、塔河湾和仙浴湾共 7 个海水浴场实施了定期监测。棒棰岛、金石滩、泊石湾、星海湾、付家庄和塔河湾海水浴场水质优良率均为 100%，仙浴湾海水浴场水质优良率为 79%。

海洋保护区。对大连斑海豹国家级自然保护区、大连老偏岛-玉皇顶海洋生态市级自然保护区、大连长山群岛国家级海洋公园以及四个国家级水产种质资源保护区开展了保护对象和生态环境状况监测。监测结果表明，保护区内保护对象稳定、生态环境状况良好。

3. 主要河流

2018 年，碧流河、英纳河、大沙河、登沙河、庄河和复州河六条主要河流的 21 个监测断面中，3 个断面水质为 I 类，9 个断面水质为 II 类，3 个断面水质为III类，4 个断面水质为IV类，V 类和劣 V 类各 1 个断面。

上述 21 个监测断面中，大沙河麦家断面水质轻度污染，超III类功能水质标准，为IV类水质，超标项目为化学需氧量；复州河三台子断面水质轻度污染，超III类功能水质标准，为IV类水质，超标项目为化学需氧量；登沙河杨家断面水质轻度污染，超III类功能水质标准，为IV类水质，超标项目为氨氮、化学需氧量和生化需氧量；复州河蔡房身大桥断面水质重度污染，超III类功能水质标准，为劣 V 类水质，超标项目为总磷、氨氮和化学需氧量；其余 17 个河流断面水质均符合相应功能水质标准。

碧流河城子坦、英纳河入海口、庄河小于屯和复州河复州湾大桥 4 个国控考核断面水质均达到相应水质考核目标。大沙河麦家和复州河三台子两个国控考核断面水质均未达到相应水质考核目标[①]。

---

① 引用《2018 年大连市生态环境状况公报》数据。

5.1.4　海洋经济发展现状

2020 年，大连市海洋生产总值约 1008 亿元，海洋产业结构进一步优化。海洋船舶工业取得新进展，海洋渔业、海洋盐业、海洋化工业等海洋传统优势产业保持稳定，海洋药物与生物制品业、海洋可再生能源利用业、海洋工程装备制造业、海水利用业、海洋新材料等海洋新兴产业不断壮大，港航物流、滨海旅游、海事服务等海洋现代服务业进一步发展。造船完工量在全国名列前茅，国家级海洋牧场示范区 22 处，占全国同类城市之首，海洋水产品产量 226 万 t，"大连海参"养殖区被认定为国家特色农产品优势区。东北首个海上风电"庄河III号"（30 万 kW）项目实现全容量并网发电。大连沿海产业转型升级示范区建设在国家评估中获得"良好"等级。全市港口货物吞吐量 3.34 亿 t，集装箱吞吐量 511 万标箱，外贸吞吐量 1.63 亿 t，大连港在东北地区的外贸运输优势进一步凸显。新增外贸集装箱班轮航线 8 条，海运航线网络覆盖全球 160 多个国家和地区、300 多个港口。多式联运增加到 45 万标箱，运行效率提升明显。形成以"一岛三湾"综合运输港区、太平湾港区、长兴岛港区为核心的港口布局，拥有生产性泊位 237 个、万吨级深水泊位 118 个。金州湾新机场建设持续推进，太平湾港区建设进入新阶段。成功入选港口型"国家物流枢纽"，海陆空交通系统综合优势进一步提升。大连港"壹港通"智慧物流跨界服务平台入选交通运输部全国首批智慧港口示范工程。

海洋科技创新体系不断完善，中国科学院大学能源学院落户高新区，国家海洋科学数据中心也在大连设立分中心，辽宁省海洋产业技术创新研究院落户大连理工大学；拥有海洋科研和技术服务企业 311 家，科技类海洋经济市场主体稳步增加。在海洋科技创新体制方面：设立涉海领域科技重大专项、科技重点研发计划、科技创新基金；成功举办全国海洋智能装备创新大赛和海洋高新科技国际高端论坛。海洋科技创新成果取得新突破：大连理工大学"海洋天然气水合物分解演化理论与方法"荣获国家自然科学奖二等奖；应用风帆技术研制的全球首艘智能大型油船（very large crude carrier, VLCC）成功交付；全球首台智能化连续卸船机顺利出产。完善海洋大数据基础设施，为海洋科技创新数字化赋能，完成海洋水质与环境监测系统，海洋电磁场监测，水下通信组网，无人艇、无缆水下机器人等涉海仪器与设备联调与试验。

海洋经济治理体系不断健全，港口管理体制机制不断创新，辽宁港口集团推动大连及周边港口协同发展，建立平台公司有序推进太平湾合作创新区建设。全面完成第一次海洋经济调查，建立涉海企业名录库，海洋经济统计体系逐步完善。全市初步标识 1 万余家涉海单位，单位数量较 2015 年增加近一倍。建立海洋灾害预警监测应急组织体系，完善全市海洋预警报信息发布体系和志愿者服务体系，为海洋经济安全运行提供保障。

海洋生态环境持续向好，实施《大连市海洋生态文明建设行动计划（2016—2020 年）》《大连市海岸线保护修复实施方案》《大连市渤海综合治理攻坚战作战方案》，坚决保护海洋生态系统，海洋生态环境进一步改善，海洋环境与海水水质位居全国前列。持续加大海洋生态修复力度，完成"两湾"生态修复工程，复州湾岸线整治修复 16.64km，普兰店湾岸线修复 6.64km。开展生态保护红线评估工作，完成生态保护红线调整，提高生态系统完整性和连通性①。

面对我国经济社会发展进入新阶段、贯彻新理念、构建新格局的要求，大连市海洋经济发展仍存在一些短板和问题：海洋支柱产业仍以传统产业为主，新兴产业发展规模不够，后劲不足；海洋产业链、创新链、价值链和供应链协同整合存在短板；海洋科技成果在连转化和产业化动力不足，海洋科技人才吸引乏力，海洋科技资源利用效能有待进一步提升；海洋生态修复及海洋经济绿色转型任务繁重；开放高地新优势有待进一步发挥①。

5.2　大连市海岸资源开发利用现状

5.2.1　海岸资源管控范围

大连市海岸资源管控范围是海岸线向陆以沿海县（市、区）级行政单元为界，向海以地方管辖海域界限为界，共同围成的闭合范围。管理行政单元为沿海县（市、区）级行政单元，是与海洋相接或毗邻且具有海洋属性的县（市、区）级行政单元及其管辖海域的总称。其中，海洋属性是指地方海洋经济和海洋事业发展，占国民经济和社会发展的比重不低于 10%。

我们将陆域向海水边线作为陆海资源管控线（以下简称"管控线"）。管控线向陆一侧为陆域，向海一侧为海域。管控线包括管控基准线和新增管控线两大类。管控基准线、新增管控线各自分为自然和人工两类。自然管控线，即自然岸线，包括砂质岸线、淤泥质岸线、基岩岸线、生物岸线、整治修复后具有自然形态特征和生态功能的岸线五类岸线类型。本章通过分析陆海资源开发利用基本情况，以此为基础，重点分析自然岸线核算方法体系。

5.2.2　大连市海岸基本情况

据统计，大连市海岸总面积为 4276714hm²，陆域面积 1323214hm²，海域面积 2953500hm²。其中，瓦房店市海岸面积 697136hm²，陆域面积 384930hm²，海

① 引用《大连市海洋经济发展"十四五"规划》数据。

域面积 312206hm²；普兰店区海岸面积 307584hm²，陆域面积 283618hm²，海域面积 23966hm²；庄河市海岸面积 661216hm²，陆域面积 387080hm²，海域面积 274136hm²；中山区海岸面积 422149hm²，陆域面积 4927hm²，海域面积 417222hm²；西岗区海岸面积 24469hm²，陆域面积 3183hm²，海域面积 21286hm²；沙河口区海岸面积 21147hm²，陆域面积 4230hm²，海域面积 16917hm²；甘井子区海岸面积 142278hm²，陆域面积 49019hm²，海域面积 93259hm²；金州区海岸面积 575778hm²，陆域面积 141208hm²，海域面积 434570hm²；旅顺口区海岸面积 377068hm²，陆域面积 49591hm²，海域面积 327477hm²；长海县海岸面积 1047889hm²，陆域面积 15428hm²，海域面积 1032461hm²。大连市海岸面积统计分布图如图 5-2 所示。

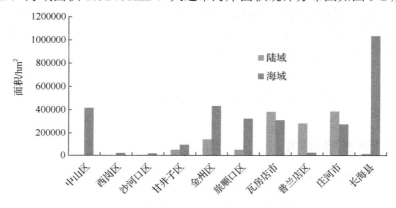

图 5-2　大连市海岸面积统计分布图

5.2.3　陆域资源开发利用现状

　　统计显示，大连市海岸陆域资源开发利用现状包括耕地，林地，草地，水域，城乡、工矿、居民用地和未利用土地，用地总面积为 1323214hm²。按照开发结构来看，耕地规模最大，占比达 43.11%，主要分布在庄河市、瓦房店市、普兰店区，占耕地总规模的 84.42%，大连市辖区金州区耕地规模占耕地总规模的 11.35%，中山区、西岗区和沙河口区没有耕地。林地主要集中在庄河市、瓦房店市、普兰店区，占草地总规模的 82.13%。草地占比较高的是瓦房店市和庄河市，占草地总规模的 80.45%。水域在市辖区分布较少，主要集中在庄河市、瓦房店市、普兰店区，占水域总规模的 88.33%。城乡、工矿、居民用地的开发程度表征了城市化程度，从各县（市、区）陆域用地开发利用的用地结构来看，大连市辖区域城市化程度高于以外区域，西岗区城乡、工矿、居民用地规模占管辖总面积的 81.23%，城市化程度相对最高。大连市陆域资源开发利用现状面积统计如图 5-3、表 5-1 所示。

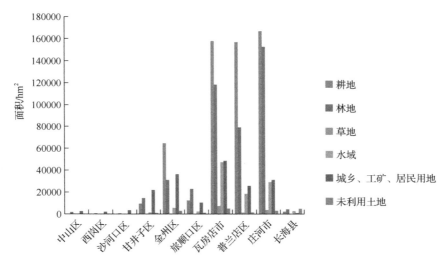

图 5-3　大连市陆域资源开发利用现状面积统计分布图（扫封底二维码查看彩图）

表 5-1　大连市陆域资源开发利用现状面积统计表　　　　　单位：hm²

行政区	耕地	林地	草地	水域	城乡、工矿、居民用地	未利用土地	合计
中山区	0	1804	38	222	2626	237	4927
西岗区	0	666	8	48	2021	440	3183
沙河口区	0	654	27	104	3436	9	4230
甘井子区	9459	14647	265	1572	22007	1069	49019
金州区	64746	31139	413	5600	36390	2920	141208
旅顺口区	12497	22997	104	2324	10435	1234	49591
瓦房店市	157910	118487	7364	47371	48669	5129	384930
普兰店区	156891	79380	1429	18622	25850	1446	283618
庄河市	166797	152674	3844	29346	31322	3097	387080
长海县	2184	4343	439	2732	869	4861	15428
合计	570484	426791	13931	107941	183625	20442	1323214

5.2.4　海域资源开发利用现状

大连市海域资源开发利用总面积为 2953500hm²，包括渔业用海、交通运输用海、工业用海、造地工程用海、旅游娱乐用海、海底工程用海、特殊用海、未利用海域八类使用类型，其中未利用海域面积为 2130224hm²，占比为 72.13%。大连市海域渔业用海占据绝对优势，使用面积为 814583hm²，占全海域使用面积的27.58%。其余用海使用面积合计 8693hm²，不足全海域使用面积的 1%。大连市海域资源开发利用现状面积统计如图 5-4、表 5-2 所示。

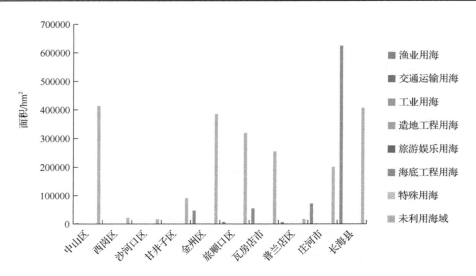

图 5-4 大连市海域资源开发利用现状面积统计分布图（扫封底二维码查看彩图）

表 5-2 大连市海域资源开发利用现状面积统计表　　　　　　单位：hm²

行政区	渔业用海	交通运输用海	工业用海	造地工程用海	旅游娱乐用海	海底工程用海	特殊用海	未利用海域	合计
中山区	2694	54	5	0	47	0	589	413833	417222
西岗区	0	0	0	0	0	0	9	21277	21286
沙河口区	0	23	4	0	31	0	9	16850	16917
甘井子区	808	640	431	108	83	0	1	91188	93259
金州区	46875	1135	432	157	340	0	0	385631	434570
旅顺口区	7138	198	175	9	282	0	38	319637	327477
瓦房店市	54687	593	1564	0	45	11	0	255306	312206
普兰店区	6364	92	0	0	45	25	0	17440	23966
庄河市	71372	868	247	69	45	0	0	201580	274136
长海县	624645	134	0	0	200	0	0	407482	1032461
合计	814583	3737	2858	343	1073	36	646	2130224	2953500

5.3　大连市基准岸线划定及现状分析

5.3.1　基准岸线划定

大连市基准岸线划定基准年为 2019 年，划定方法参考 3.4.2 节。最终，划定大连市基准岸线总长度为 1635.1km。其中，大陆岸线长度为 1335.3km，海岛岸线长度为 299.8km。大陆岸线中自然岸线长度为 521.5km，人工岸线长度为 813.8km；海岛岸线中自然岸线长度为 245.1km，人工岸线长度为 54.7km。

参考 3.4.2 节自然岸线保有率的方法，纳入自然岸线保有率核算的岸线类型为基岩岸线、砂质岸线、淤泥质岸线、整治修复后具有自然形态特征和生态功能的岸线四类。最终得出大连市岸线自然保有率为 46.9%，其中，长海县自然岸线保有率最高，为 81.8%；沙河口区和中山区自然岸线保有率较高，分别为 78.0% 和72.5%。以自然岸线保有率 35% 来衡量，大连市全市保有率高出标准 8.3 个百分点。西岗区、瓦房店市、普兰店区和庄河市低于标准，普兰店区保有率仅为 3.6%。大连市县（市）、区自然岸线保有率统计图如图 5-5 所示。

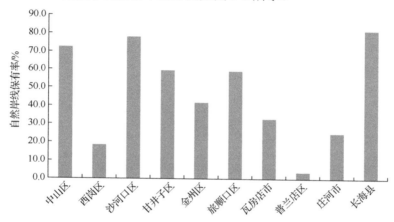

图 5-5　大连市县（市）、区自然岸线保有率统计图

5.3.2　海岸线使用现状分析

大连市海岸线总长 1635.1km，使用类型包括基岩岸线、砂质岸线、淤泥质岸线、整治修复后具有自然形态特征和生态功能的岸线、交通运输岸线、工业岸线、渔业岸线、造地工程岸线、旅游娱乐岸线、特殊岸线。

自然岸线以基岩岸线为主，占比为 50.3%；其次为整治修复后具有自然形态特征和生态功能的岸线，占比为 30.5%。其余为砂质岸线和淤泥质岸线，占比分别为 17.2% 和 1.9%。通过分析发现，大连市海岸自然分布特征明显，基岩岸线主要分布在渤海海域，砂质岸线和淤泥质岸线主要分布在渤海瓦房店市和黄海海域。基岩岸线在渤海区旅顺向北至甘井子区较为集中，砂质岸线在瓦房店市和黄海海区居多，淤泥质岸线主要分布在金州湾和庄河市海域。长海县为海岛岸线，以基岩岸线为主。大连市基准自然岸线类型统计如图 5-6、表 5-3 所示。

人工岸线以渔业岸线为主，占比达 68.0%。其次为造地工程岸线，占比为13.6%。交通运输岸线和工业岸线占比均不足 10%，分别为 8.4% 和 7.4%。其余岸线使用类型为旅游娱乐岸线和特殊岸线，占比分别为 1.6%和 1.1%。人工岸线在黄海和渤海均有分布，其中，分布在黄海的人工岸线主要集中在庄河市境内，以围海养殖为主；分布在渤海的人工岸线主要集中在长兴岛东侧海岸瓦房店市境内，以盐田和围海养殖为主。大连市基准人工岸线类型统计如图 5-7、表 5-3 所示。

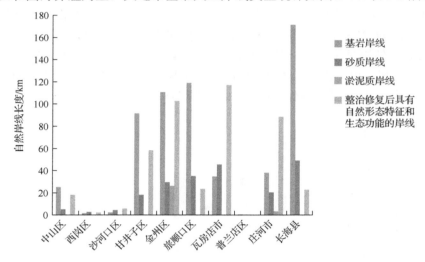

图 5-6　大连市基准自然岸线类型统计分布图（扫封底二维码查看彩图）

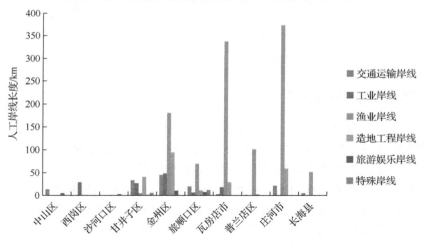

图 5-7　大连市基准人工岸线类型统计分布图（扫封底二维码查看彩图）

从大连市沿海产业布局来看，纵向以金普新区南侧行政线为界，南侧以人工利用岸线为主，包括工业生产和渔业养殖；北侧以自然利用岸线为主，包括旅游产业和临港产业。横向以黄、渤海分界，渤海海岸主要以工业为主，集中在长兴岛海岸周围。而黄海海岸主要包括临港产业和渔业养殖。总体来说，大连市沿海产业布局合理，依据各海岸自然属性特征进行产业布局。但是，部分区域也存在海岸景观破碎、不连续，功能定位不准，自然岸线受损严重等问题。

表 5-3　大连市基准岸线类型统计表　　　　　　　单位：km

行政区	岸线总长	自然岸线					人工岸线						
		基岩岸线	砂质岸线	淤泥质岸线	整治修复后具有自然形态特征和生态功能的岸线	合计	交通运输岸线	工业岸线	渔业岸线	造地工程岸线	旅游娱乐岸线	特殊岸线	合计
中山区	33.5	12.7	2.6	0.0	9.1	24.3	6.6	0.2	0.0	0.0	2.4	0.0	9.2
西岗区	17.7	0.8	1.3	0.0	1.1	3.3	0.0	14.4	0.0	0.0	0.0	0.0	14.4
沙河口区	8.0	1.1	2.2	0.0	2.9	6.2	0.0	0.0	0.0	0.4	1.3	0.0	1.8
甘井子区	141.1	45.8	9.2	0.0	29.2	84.2	16.6	13.4	2.7	20.5	0.6	3.2	56.9
金州区	327.0	56.5	14.8	13.1	52.4	136.8	22.5	24.1	91.3	47.3	5.1		190.2
旅顺口区	153.6	61.1	17.6	0.0	12.4	91.1	9.8	3.1	34.7	5.4	3.7	5.9	62.6
瓦房店市	298.6	17.4	22.8	0.0	58.5	98.7	1.3	8.9	175.8	14.0			199.9
普兰店区	54.4	0.2	0.0	0.2	1.5	2.0	0.6		50.7	1.1			52.4
庄河市	301.5	19.0	10.1	1.6	44.3	75.1	10.7		186.3	29.4			226.4
大陆岸线	1335.3	214.7	80.5	14.9	211.4	521.5	68.0	64.1	541.4	118.1	13.1	9.1	813.8
长海县	299.8	171.3	51.1	0.0	22.7	245.1	4.8	0.0	49.3	0.0	0.6	0.0	54.7
海岛岸线	299.8	171.3	51.1	0.0	22.7	245.1	4.8		49.3	0.0	0.6	0.0	54.7
总计	1635.1	386.0	131.6	14.9	234.1	766.6	72.8	64.1	590.7	118.1	13.7	9.1	868.5

5.4　大连市基准岸线保护适宜性评价

本节以大连市海岸开发利用现状和基准岸线类型划定结果作为依据，采用4.1节自然海岸资源保护适宜性评价方法，对大连市自然海岸资源进行保护适宜性分析。依据大连市基准岸线类型划定结果，纳入自然海岸资源管理类型的有基岩海岸、砂质海岸、淤泥质海岸、整治修复后具有自然形态特征和生态功能的海岸四类海岸。按照严格保护海岸、加强保护海岸、修复维护海岸和整治恢复海岸四类保护适宜性划分结果如下。

大连市自然岸线总长 766.6km，其中，严格保护海岸 83.1km，占自然岸线总长的 10.8%；加强保护海岸 245.5km，占比为 32.0%；修复维护海岸 230.1km，占比为 30.0%；整治恢复海岸 207.9km，占比为 27.1%。分析发现，纵向上金州区以北海岸景观破碎化严重，人类生产活动频繁。相反，金州区以南海岸景观相对完整，海岸健康性、稳定性较好。海岛海岸自然属性保持较大陆完好。因此，修复维护海岸和整治恢复海岸主要集中在金州区以北区域。大连市基准岸线保护适宜性统计表见表 5-4。

表 5-4　大连市基准岸线保护适宜性统计表　　　　单位：km

行政区	自然岸线	严格保护海岸	加强保护海岸	修复维护海岸	整治恢复海岸
中山区	24.3	9.2	4.9	7.3	2.9
西岗区	3.3	0.0	1.7	1.6	0.0
沙河口区	6.2	0.0	0.6	5.6	0.0
甘井子区	84.2	32.5	3.9	17.7	30.1
金州区	136.8	15.4	15.5	77.5	28.4
旅顺口区	91.1	20.7	21.5	36.7	12.1
瓦房店市	98.7	0.0	4.1	20.0	74.5
普兰店区	2.0	0.0	0.0	0.0	2.0
庄河市	75.1	0.0	0.0	19.9	55.1
长海县	245.1	5.2	193.2	43.8	2.7
总计	766.6	83.1	245.5	230.1	207.9

5.5　大连市基准自然岸线资源物质量核算

本节参考 4.2.2 节自然岸线资源物质量主要核算方法和规则，对大连市基准自然岸线资源物质量进行核算。大连市基准自然岸线资源物质量核算指标包括砂质岸线、淤泥质岸线、基岩岸线、整治修复后具有自然形态特征和生态功能的岸线四类岸线的长度。

大连市基准自然岸线总长度 766.6km，其中，砂质岸线长度 131.6km，淤泥质岸线长度 14.9km，基岩岸线长度 386.0km，生物岸线长度 0km，整治修复后具有自然形态特征和生态功能的岸线长度 234.1km。大连市基准自然岸线资源物质量核算基准年为 2019 年，即最新现状岸线，无新增岸线。大连市基准自然岸线资源物质量核算表如表 5-5 所示。

表 5-5　大连市基准自然岸线资源物质量核算表

基准自然岸线	数值	单位	新增自然岸线	数值	单位
砂质岸线	131.6	km	砂质岸线	0	km
淤泥质岸线	14.9	km	淤泥质岸线	0	km
基岩岸线	386.0	km	基岩岸线	0	km

续表

基准自然岸线	数值	单位	新增自然岸线	数值	单位
生物岸线	0	km	生物岸线	0	km
整治修复后具有自然形态特征和生态功能的岸线	234.1	km	整治修复后具有自然形态特征和生态功能的岸线	0	km
总长度	766.6	km	总长度	0	km
自然保有率	46.9	%	自然保有率	0	%

5.6　大连市基准自然岸线资源价值量核算

5.6.1　基准自然岸线资源基准测值

1. 基准使用岸线基准价值计算

大连市使用岸线基准价值计算方法参考 4.2.3 节，大连市交通运输岸线、工业岸线、造地工程岸线、旅游娱乐岸线基准价值的确定参考填海造地海域使用金标准的平均值，渔业岸线基准价值的确定参考养殖用海海域使用金标准的平均值，特殊岸线基准价值的确定参考其他用海海域使用金标准的平均值。

大连市交通运输岸线、工业岸线、渔业岸线、特殊岸线毗邻土地基准价值的确定参考邻近行政区工业用地土地基准价值的平均值，造地工程岸线、旅游娱乐岸线土地基准价值的确定参考邻近行政区商服用地土地基准价值的平均值。

大连市使用岸线基准价值明细表见表 5-6。

表 5-6　大连市使用岸线基准价值明细表　　　　　单位：元/m

行政区	交通运输岸线基准价值	工业岸线基准价值	渔业岸线基准价值	造地工程岸线基准价值	旅游娱乐岸线基准价值	特殊岸线基准价值
中山区	670	670	600.5	2070	2070	601.5
西岗区	670	670	600.5	2070	2070	601.5
沙河口区	670	670	600.5	2070	2070	601.5
甘井子区	670	670	600.5	2070	2070	601.5
金州区	315	315	275.5	890	890	276.5
旅顺口区	315	315	275.5	890	890	276.5
瓦房店市	205	205	165.5	435	435	166.5
普兰店区	190	190	165.5	480	480	166.5
庄河市	190	190	165.5	480	480	166.5
长海县	205	205	165.5	495	495	166.5

2. 基准自然岸线基本价值计算

大连市自然岸线基本价值计算方法参考 4.2.3 节，由计算结果（图 5-8、表 5-7）可以看出，市辖区（中山区、西岗区、沙河口区、甘井子区）的使用岸线基准价值平均值高于其他县（市、区），使用岸线基准价值平均值为 1114 元/m。瓦房店市最低，为 269 元/m。自然岸线基本价值最高的是沙河口区，为 6771 元/m，普兰店区最低，为 387 元/m。通过分析使用岸线基准价值平均值与基本价值关系来看，长海县增长比例最高，为 632.53%，普兰店区最低，为 38.71%。市辖区中西岗区增长率低于其余其他三区，为 64.00%。从总体情况来看，大连市自然岸线基本价值能够客观地反映出自然岸线使用价值、区位经济发展和资源环境管控要求。

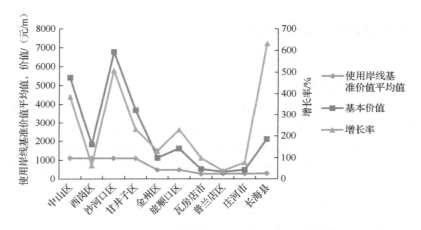

图 5-8　大连市自然岸线基本价值计算结果分布图

表 5-7　大连市自然岸线基本价值明细表

行政区	使用岸线基准价值平均值/(元/m)	自然岸线保有率/%	GDP 增速/%	计算周期/年	GDP 增长值/%	基本价值/(元/m)
中山区	1114	72.50	6.00	5	1.34	5417
西岗区	1114	18.40	6.00	5	1.34	1827
沙河口区	1114	78.00	6.00	5	1.34	6771
甘井子区	1114	59.70	6.00	5	1.34	3695
金州区	494	41.80	6.00	5	1.34	1136
旅顺口区	494	59.30	6.00	5	1.34	1622
瓦房店市	269	33.00	6.00	5	1.34	537
普兰店区	279	3.60	6.00	5	1.34	387
庄河市	279	24.90	6.00	5	1.34	497
长海县	289	81.80	6.00	5	1.34	2117

3. 基准自然岸线服务价值计算

自然岸线服务价值是生态服务功能价值、景观服务功能价值和旅游服务功能价值的总和。目前，学者对自然岸线服务价值的核算方法体系多有研究。本章不做详细论述和研究，采用已有研究成果作为大连市自然岸线服务价值计算的参考依据。王丽耀等[77]对石性岸线生态系统服务价值评价的研究结果表明基岩岸线服务价值总和为 120467 元/m，贾笑非等[78]对原生沙质岸线生态系统服务价值评价的研究结果表明砂质岸线服务价值总和为 15080 元/m，曹月[79]对辽宁省湿地生态系统服务功能价值测评的研究结果表明淤泥质岸线和河口湿地岸线的服务价值分别为 12248 元/m、37 元/m。大连市基岩岸线服务价值为 161212 元/m，砂质岸线服务价值为 20180 元/m，淤泥质岸线服务价值为 16391 元/m，整治修复后具有自然形态特征和生态功能的岸线服务价值为 50 元/m（图 5-9、表 5-8）。

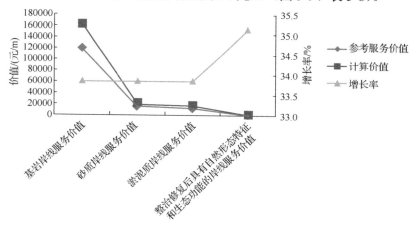

图 5-9　大连市自然岸线服务价值计算结果分布图

表 5-8　大连市自然岸线服务价值明细表

服务类型	参考服务价值/(元/m)	计算价值/(元/m)	增长率/%
基岩岸线服务价值	120467	161212	34
砂质岸线服务价值	15080	20180	34
淤泥质岸线服务价值	12248	16391	34
整治修复后具有自然形态特征和生态功能的岸线服务价值	37	50	35

4. 基准自然岸线资源基准价值计算

大连市基准自然岸线资源基准价值计算参考 4.2.3 节，计算结果如表 5-9 所示。

表 5-9　大连市自然岸线资源基准价值明细表　　　　　　单位：元/m

行政区	基岩岸线基准价值	砂质岸线基准价值	淤泥质岸线基准价值	整治修复后具有自然形态特征和生态功能的岸线基准价值
中山区	166629	25597	—	5467
西岗区	163039	22007	—	1877
沙河口区	167983	26951	—	6821
甘井子区	164907	23875	—	3745
金州区	162348	21316	17527	1186
旅顺口区	162834	21802	—	1672
瓦房店市	161749	20717	—	587
普兰店区	161599	—	16778	437
庄河市	161709	20677	16888	547
长海县	163329	22297	—	2167

5.6.2　基准自然岸线资源价值量核算

　　大连市自然岸线资源价值量核算参考 4.2.3 节，计算结果如表 5-10、表 5-11 所示。以 2020 年为核算基准年，核算周期为 5 年，取国民经济生产总值增速为 6%，"十四五"末预测大连市岸线资源总价值约为 1792.88 亿元，自然岸线资源价值约占 99.8%。"十四五"完成期预测国民经济生产总值将达到 1 万亿元，自然岸线资源总价值占比近 18%。

　　从核算结果也可以看出，由于自然岸线资源稀缺，"十四五"期间，开发强度较高的县（市、区）竞争力下降，充分印证了习近平总书记的科学论断："绿水青山就是金山银山"。因此，各地方政府应加强自然岸线的保护力度，科学规划自然岸线的使用，控制自然岸线资源使用总量，大力盘活使用岸线存量，保持自然岸线资源持续增值。

表 5-10　大连市各县（市、区）经济定位列表

行政区	经济定位
中山区	发达地区
西岗区	发达地区
沙河口区	发达地区
甘井子区	发达地区
金州区	较发达地区
旅顺口区	较发达地区
瓦房店市	欠发达地区
普兰店区	欠发达地区
庄河市	欠发达地区
长海县	欠发达地区

表 5-11　大连市海岸价值表　　　　　　单位：亿元

行政区	人工岸线价值	自然岸线价值	合计
中山区	0.10	83.65	83.75
西岗区	0.10	5.38	5.48
沙河口区	0.04	8.24	8.28
甘井子区	0.13	287.12	287.25
金州区	0.96	273.78	274.74
旅顺口区	0.23	300.32	300.55
瓦房店市	0.37	62.88	63.25
普兰店区	0.09	0.65	0.74
庄河市	0.47	52.68	53.15
长海县	0.09	715.59	715.68
总计	2.58	1790.30	1792.88

5.7　大连市海岸资源管理建议

5.7.1　海岸线使用审批管理的建议

自然岸线使用申请单位和个人向辽宁省人民政府自然资源管理部门提交使用申请，由辽宁省人民政府自然资源管理部门负责审批。

除自然岸线之外的海岸线类型，使用申请单位和个人向大连市人民政府自然资源管理部门提交使用申请，由大连市人民政府自然资源管理部门负责审批。

海岸线使用审批应符合《中华人民共和国海域使用管理法》《辽宁省海域使用管理办法》和《大连市海域使用管理条例》以及国家制定的所有关于海域使用、海岸线使用的相关要求。海岸线用途管制建议如下。

（1）渔业岸线。只能应用于两种用途，包括渔业基础设施（渔港）用海和围海养殖用海。渔业基础设施（渔港）用海应符合高标准、多功能、现代化的要求，鼓励向渔人码头转化；围海养殖用海，合理布局养殖空间，节约集约利用岸线和海域空间，统筹围海养殖用海总量管理，鼓励围海养殖用海分批分类退出。

（2）港口岸线。只能应用于港口及其基础设施建设。港口基础设施包括办公设施、货物调配设施、集装箱放置区、货物堆场等服务于港口物流产业的设施。科学规划功能区，不得规划服务于港口物流产业以外的功能区。

（3）工业岸线。只能用于工业及其基础设施建设，前沿不得设置港口、码头等基础建设。岸线前沿不予批复或申请产业以外的其他使用用途的岸线。鼓励创新产业、新能源产业等使用。开设城市中心工业产业转移入驻审批通道，鼓励地方支柱工业产业向近岸转移。控制工业岸线使用，盘活存量。

（4）城镇建设岸线。只能应用于两种用途，包括居住和旅游基础设施建设。前沿不得设置港口、码头等基础建设。岸线前沿不予批复或申请其他使用用途的岸线。严格控制城镇建设岸线使用，盘活存量。

（5）盐业岸线。只能应用于盐业产业。合理布局养殖空间，节约集约利用岸线和海域空间，统筹盐业用海总量管理，鼓励盐业用海分批分类退出。

5.7.2　陆海资源使用管理的建议

加快推进建立国土空间规划与各行业规划的"多规合一"融合机制，提高国土空间规划的包容能力，保障各行业在"一张图"中的体现。以国土空间规划体系为重要依据，建立大连市海岸经济高质量发展机制，评估国土空间规划各功能区环境容量底线，制定开发强度上限，科学配置陆海资源，高效使用陆海资源，盘活存量。

5.7.3　项目环境准入负面清单的建议

1. 优先保护类

（1）在生态保护红线区内实行严格保护制度，严禁一切与保护无关的开发活动，已被破坏的限期恢复，并开展以保护对象为目的的修复工作。修复项目的实施应符合各类型保护地管控法律制度和要求。

（2）在重要的生存、生活生态空间内，按限制开发区的要求进行管理。科学划分生态空间用途分区。内陆滩涂、湿地实施严格管控，除满足生物多样性保护或保育、人类休憩等目的以外建设项目，不得建设永久性建筑物。滨海滩涂、湿地应开展实施保护适宜性评价，将其划分为严格管控区、用途管控区两类，依法制定功能区准入条件，严格管控区参照内陆滩涂、湿地执行，用途管控区明确允许、限制、禁止的准入清单和开发强度。禁止有损保护对象及生态环境和资源的活动和行为，制定围海养殖和盐田的分类分批退出机制。

2. 重点管控类

（1）在水环境工业污染重点管控区内，科学设定污染物排放总量限值、新增源减量置换和存量源污染治理要求，纳入管控区环境准入负面清单。

（2）在水环境优先保护区内，明确禁止排放污染物及其含量红线，严格管控水电开发。

（3）在大气环境优先保护区内，制定空气质量底线标准，新建、扩建工业企业和设施不得高于空气质量底线标准。大力推进企业转型升级，分类分阶段建立企业转型标准，实施定期评价制度，对符合标准的企业给予税收优惠政策，对限期内不符合标准的企业，建立退出机制。

（4）在大气环境受体敏感重点管控区内，严控各类开发建设活动。不得新建排放大气污染物的工业企业，迁出或关闭排放大气污染物以及有可能对环境空气安全造成隐患的现有各类企业事业单位和其他生产经营者。

（5）在农业用地污染风险重点防控区内，实施土壤监测制度，包括重金属及其他有毒有害物质污染物的监测，制定土壤质量底线，超过土壤质量底线的农用地，限期整治，达到标准后方可开展农业活动。

（6）在建设用地污染风险重点防控区内，制定水环境、大气环境质量底线，明确功能区禁止污染物准入清单。

（7）在生态用水补给区内，制定管控区生态用水量底线。制定单位产品或单位产值的水耗、用水效率、再生水利用率等指标清单，纳入管控区环境准入负面清单。

（8）在地下水开采重点管控区内，划定地下水禁止开采或者限制开采区，禁止工农业生产及服务业新增取用地下水。制定单位产品或单位产值的水耗、用水效率、再生水利用率等指标清单，纳入管控区环境准入负面清单。

（9）在自然资源重点管控区内，按照海岸线审批制度实施海岸线用途管控，进行自然海岸线保护适宜性评价，分类分级管控海岸线。

5.7.4　海岸资源有偿使用管理的建议

大连市实施海岸自然资源有偿使用制度，对海岸各类自然资源的使用必须符合国家制定的相关规定，如《中华人民共和国海域使用管理法》《中华人民共和国土地管理法》《中华人民共和国水法》《中华人民共和国森林法》等。

实施海岸线有偿使用制度，依法获得海岸线使用主体，应按照大连市海岸线基准价值缴纳使用金，各县（市、区）地方人民政府可上浮自行制定标准。海岸线使用金由大连市人民政府代理征收，为国家财政所有。

实施招拍挂出让海岸自然资源使用权制度，实现陆海统筹管理海岸资源有偿使用市场分配机制。分类分级实施海域资源价值评估，对于符合条件的围填海区域由市政府负责资源价值评估；对于符合条件的养殖用海区域由县（市、区）政府负责资源价值评估；除以上两类用海外，按照《中华人民共和国海域使用管理法》和《大连市海域使用管理条例》相关规定实施。

5.7.5　整治修复与生态损害赔偿管理的建议

1. 自然海岸资源整治修复管理的建议

以自然岸线为主要抓手，建立陆海统筹的自然资源修复模式。构建"陆海联动、区域协同"的陆海一体化资源修复体系。

第一，以自然岸线为抓手，着力维护海岸生态系统的多样性与自然景观的完整性；建设陆海生态廊道，连通陆海生态安全屏障。

第二，整合陆域和海域的资源修复技术体系，建立包含岸线修复、矿山修复、土壤修复、生态系统修复等多元融合的技术标准，形成一套完善的陆海一体化资源修复技术标准。

第三，加强修复效果评估。建立修复效果评价指标体系，实施修复事中、事后监测与监管，统一评价标准，从自然恢复效果、生态价值提升、社会效益等方面综合分析科学评估资源修复成效。

2. 自然海岸资源生态损害赔偿管理的建议

开展自然海岸资源使用调查工作，科学评估自然海岸资源损害程度，构建物质量和价值量量化模型。以"谁损害，谁赔偿；谁获益，谁保护"的原则，建立自然海岸资源生态损害赔偿管理台账。

第6章 环渤海"蓝色经济区2.0"示范区建设方案研究

6.1 "蓝色经济区1.0"内涵

2011年1月，国务院批准的《山东半岛蓝色经济区发展规划》明确提出，蓝色经济区以海洋资源为基础，以劳动地域分工和海洋产业为主要支撑，涵盖了自然生态、社会经济、科技文化等诸多因素，是一种复合的多功能经济区。可以看出，蓝色经济区是一个崭新的经济学概念，具有与海洋经济区不同的显著特征，主要表现在以下几方面。

第一，在空间范围上，蓝色经济区所涵盖的空间范围主要是广阔的海域和海岸带，而海岸经济区不仅包括海域和海岸带，而且包括临近海域的经济空间和特定的陆域，在空间范围上延伸到了陆地的纵深地区。

第二，在发展内容上，蓝色经济区不仅以海洋为特色，更注重海陆经济一体化、政治、经济、文化、社会和生态的全面发展，其内涵更加丰富。

第三，在产业范围上，蓝色经济区仅包含12个海洋产业门类，而海岸经济区不仅包括与海洋直接相关的产业，而且包括涉海产业、临海产业及部分海外产业。

第四，在海陆统筹范围上，海岸经济区涉及海陆之间资源、环境、基础设施、产业、政策、理念等方面的全面统筹[80]。

6.2 我国"蓝色经济区1.0"实践

6.2.1 山东半岛"蓝色经济区1.0"

山东半岛蓝色经济区，是中国第一个以海洋经济为主体的区域发展战略，是中国区域发展从陆域经济延伸到海洋经济、积极推进陆海统筹的重大战略举措。规划主体区范围包括山东全部海域和青岛、烟台、威海、潍坊、东营、日照六市及滨州的无棣、沾化两个沿海县所属陆域，海域面积15.95km²，陆域面积6.4km²。山东半岛蓝色经济区，分为主体区和核心区，其中主体区为沿海36个市（区、县）的陆域及毗邻海域；核心区为9个集中集约用海区，分别是丁字湾海上新城、潍坊海上新城、海州湾重化工业集聚区、前岛机械制造业集聚区、龙口湾海洋装备制造业集聚区、滨州海洋化工业集聚区、董家口海洋高新科技产业集聚区、莱州海洋新能源产业集聚区、东营石油产业集聚区。每个集中集约用海区都是一个海洋或临海特色产业集聚区。

2011 年 1 月 4 日，国务院以国函〔2011〕1 号文件批复《山东半岛蓝色经济区发展规划》，这是"十二五"开局之年第一个获批的国家发展战略，也是我国第一个以海洋经济为主题的区域发展战略。《山东半岛蓝色经济区发展规划》的批复实施，是我国区域发展从陆域经济延伸到海洋经济、积极推进陆海统筹的重大战略举措，标志着全国海洋经济发展试点工作进入实施阶段，也标志着山东半岛蓝色经济区建设正式上升为国家战略，成为国家海洋发展战略和区域协调发展战略的重要组成部分。

"十三五"以来，山东省按照《山东半岛蓝色经济区发展规划》发展路径，坚持陆海统筹，科学推进海洋资源开发，加快构建完善的现代海洋产业体系，海洋经济综合实力显著增强。截至 2019 年底，山东省海洋渔业、海洋生物医药产业、海洋盐业、海洋电力业、海洋交通运输业五个产业规模居全国第一位，实现海洋生产总值 1.46 万亿元，继续居全国第二位，同比增长 9%，占全省地区生产总值的比重由 2015 年的 19.7%提高到 2019 年的 20.5%，占全国海洋生产总值的比重达到 16.3%[①]。

6.2.2　福建海峡蓝色经济试验区 1.0

2012 年 11 月，国务院批准了《福建海峡蓝色经济试验区发展规划》，它是继山东、浙江、广东之后，国务院批准的第四个试点省海洋经济发展规划。同时，以《福建海峡蓝色经济试验区发展规划》为依据制定的《福建海洋经济发展试点工作方案》也获得了国家发展和改革委员会的批复。福建海洋经济发展上升为国家战略，面临新的重大历史机遇。

《福建海峡蓝色经济试验区发展规划》明确了海峡蓝色经济试验区六大战略定位：深化两岸海洋经济合作的核心区、全国海洋科技研发与成果转化重要基地、具有国际竞争力的现代海洋产业集聚区、全国海湾海岛综合开发示范区、推进海洋生态文明建设先行区和创新海洋综合管理试验区。《福建海峡蓝色经济试验区发展规划》同时确定了两个阶段的发展目标：到 2015 年，海洋生产总值达到 7300 亿元，年均增长 14%以上；到 2020 年，全面建成海洋经济强省。

---

① 2020 年 11 月 30 日，山东省人民政府新闻办公室举行新闻发布会，介绍"十三五"时期山东海洋经济（海洋产业）发展成就，http://www.scio.gov.cn/xwfbh/gssxwfbh/xwfbh/shandong/Document/1693640/1693640.htm。

"十三五"期间,福建海洋经济总量持续攀升,渔业经济指标居全国前列。其中,全省海洋生产总值保持 10% 以上的年增长速度,2018 年首次突破万亿元,2019 年达 1.2 万亿元,占全省 GDP 的 28.4%,居全国第三位。海洋渔业、滨海旅游、海洋交通运输等主导产业优势明显,国家海洋经济发展示范区、示范城市和省级海洋产业发展示范县建设成效显著。渔业供给侧结构性改革稳步推进,2019 年全省渔业经济总产值 3235 亿元、水产品总产量 815 万 t,均居全国第三;水产品人均占有量、水产品出口额、远洋捕捞产量等多项指标居全国第一。大黄鱼、鲍鱼、江蓠、海带、紫菜、河豚、牡蛎等特色优势品种养殖产量居全国首列,十大特色养殖品种全产业链产值突破千亿元。

6.3　新形势下"蓝色经济区 2.0"的内涵

6.3.1　"一带一路"(国家级顶层合作倡议)的内涵

"一带一路"(国家级顶层合作倡议)是促进共同发展、实现共同繁荣的合作共赢之路,是增进理解信任、加强全方位交流的和平友谊之路。中国政府倡议,秉持和平合作、开放包容、互学互鉴、互利共赢的理念,全方位推进务实合作,打造政治互信、经济融合、文化包容的利益共同体、命运共同体和责任共同体。"一带一路"倡议内涵丰富,包括五大方面:政策沟通、设施联通、贸易畅通、资金融通和民心相通。倡议提出伊始,各国的合作是一系列经济和商业往来,旨在寻求沿线国家之间贸易和投资的新机遇,拉动经济的共同增长。而现在,一系列合作关系已经发展为一个更为广泛的经济、文化、科技等领域的全球性合作平台。"一带一路"倡议依托连接亚洲和欧洲的古代丝绸之路,并加入了连接东亚、东南亚、南亚、西亚和非洲的"海上丝绸之路"。

如今,沿线国家和地区已成为世界上最重要的外资流入地和仅次于欧盟的世界第二大贸易区,对全球经济的影响进一步增强,为"一带一路"建设的发展奠定了坚实基础。2015 年至 2020 年间,我国企业对"一带一路"沿线共计 331 个国家进行了非金融类直接投资 921.8 亿美元,在"一带一路"沿线 405 个国家新签对外承包工程项目合同 39638 份,新签合同额 7851.2 亿美元;完成营业额 5091.9 亿美元,见表 6-1。

表 6-1　2015～2020 年我国对"一带一路"沿线国家投资合作情况①

年份	直接投资		对外承包			
	国家数量/个	投资额/亿美元	合作国家/个	合同数量/份	合同额/亿美元	完成营业额/亿美元
2015	49	148.2	60	3987	926.4	692.6
2016	53	145.3	61	8158	1260.3	759.7
2017	59	143.6	61	7217	1443.2	855.3
2018	56	156.4	100	7721	1257.8	893.3
2019	56	150.4	62	6944	1548.9	979.8
2020	58	177.9	61	5611	1414.6	911.2
合计	331	921.8	405	39638	7851.2	5091.9

6.3.2　"碳达峰"和"碳中和"的内涵

"碳达峰"是指我国承诺在 2030 年前，煤炭、石油、天然气等化石能源燃烧活动和工业生产过程以及土地利用变化与林业等活动产生的温室气体排放不再增长，达到峰值。

"碳中和"是指在一定时间内直接或间接产生的温室气体排放总量，通过植树造林、节能减排等形式，以抵消自身产生的二氧化碳排放量，实现二氧化碳"零排放"。

6.3.3　"蓝色经济区 2.0"的内涵

随着自然资源价值理论、供给侧结构性改革理论、高质量发展理论等基础理论的不断完善，海洋强国建设对陆海统筹发展、区域经济协调发展提出了新形势下的发展要求。当前，支撑"蓝色经济区 1.0"的发展要素条件已经出现深刻变化，供给侧对需求侧变化适应性调整明显滞后，传统产业产能过剩；海洋战略性新兴产业创新能力供给不足，生产要素难以从无效需求领域向有效需求领域、从低端领域向中高端领域配置，降低了蓝色经济的运行效率。因此，蓝色经济发展应从供给侧发力，加快产业结构转型升级，以保障蓝色经济区供给能力能够适应高质量发展需求。同时，蓝色经济区如何能更好地融入"一带一路"，也对"蓝色经济区 1.0"提出了新的发展要求。

在此基础上，本节提出"蓝色经济区 1.0"的升级版"蓝色经济区 2.0"的新内涵，主要包括以下几方面。

---

① 中华人民共和国商务部官方网站，http://www.mofcom.gov.cn/。

第一，基础理论。进一步完善基础理论体系，引入自然资源价值理论、供给侧结构性改革理论、高质量发展理论等理论，形成涵盖自然资源价值理论、供给侧结构性改革理论、高质量发展理论、陆海统筹理论、区域经济协调发展等理论的，切实落实创新、协调、绿色、开放、共享的新时代发展理念的基础理论体系。

第二，发展理念。"蓝色经济区 2.0"以"蓝色经济区 1.0"的基础设施、生产资料为生产基础，加大科技创新投入力度，健全金融体系及其制度建设，加强绿色发展理念的宣传，完善生产要素供给体系；建立包含自然资源资产、生态环境价值、经济发展主要指标产值三方面的蓝色经济区核算体系，引导蓝色经济区的发展方向，保障"蓝色经济区 2.0"的高质量发展。

第三，发展空间。建立包含自然条件、环境质量、社会经济发展状况、科技能力腹地产业产能等多元指标的，涵盖陆域、海域空间范围的"蓝色经济区 2.0"选划标准。发展空间为地理、资源、经济、生态环境等方面联系紧密的多个沿海县（市、区）级行政单元及其管辖海域的闭合范围。

综上所述，"蓝色经济区 2.0"以自然资源价值提升为根本目的，统筹陆海区域的基础设施、资源、环境、经济、科技、金融等多元生产要素分配，探索符合区域协同发展的多元生产要素分配方式，形成沿海经济高质量发展模式。

6.4　环渤海经济区发展基本情况

1. 社会经济发展情况

2018 年全区域生产总值达到 221032.35 亿元，比去年增长 5.1%；全区域地方一般预算财政收入完成 24657.41 亿元，比上年增长 7%；全区域固定资产投资 83308.7 亿元，比上年减少 38.2%；全区域产业结构持续优化提高，北京三次产业比重为 0.4∶18.6∶81；天津三次产业比重为 0.9∶40.5∶58.6；河北三次产业比重为 9.3∶44.5∶46.2；辽宁三次产业比重为 8.0∶39.6∶52.4；山东三次产业比重为 6.5∶44.0∶49.5；山西三次产业比重为 4.4∶42.2∶53.4；内蒙古自治区三次产业比重为 10.1∶39.4∶50.5。环渤海区域内拥有由 60 多个大小港口构成的功能完善的港口群，由辽宁、京津冀和山东沿海港口群组成，与世界 160 多个国家、数百个港口有着贸易往来。全国 23 个亿吨大港该区域占了 11 个，分别是丹东港、大连港、营口港、秦皇岛港、唐山港、天津港、黄骅港、青岛港、日照港、烟台港、威海港。环渤海地区与世界大多数国家有着广泛的联系，2018 年实际直接利用外资达到 540.48 亿美元，占全国的 40%[①]。

---

① 引自《环渤海区域经济年鉴 2019》。

2018 年，在国际国内经济形势持续严峻的形势下，环渤海区域在经济和社会发展中努力实现了稳中有进、稳中向好、稳中提质发展势头。但发展中的一些问题也较突出，经济下行压力持续加大，GDP 增速持续放缓等，区域间依然表现出竞争大于合作态势，产业分工与合作方面仍存在较多问题，生产要素流动不畅、市场关联度低等问题依然突出。

2. 海洋经济发展情况

《中国海洋经济发展报告》（2019～2020 年）中"北部海洋经济圈"的统计范围即为本书所指的"环渤海经济区"范围。

依据《中国海洋经济发展报告》（2019～2020 年）统计显示，自 2007 年以来，海洋经济整体持续增长，海洋经济生产总值由 2007 年的 9071.5 亿元上升到 2019年的 26360 亿元，2020 年名义增长 8.1%，占全国海洋生产总值的比重为 29.5%。总体来看，北部海洋经济圈海洋第一产业产值稳定上升，海洋第二产业产值呈现上升趋势，海洋第三产业产值稳定上升。

3. 海岸资源开发利用情况

环渤海海岸包括辽宁省、河北省、天津市和山东省海岸范围，截至 2018 年，海岸开发总规模为 $11064207hm^2$。

1）陆域资源开发利用现状

环渤海海岸陆域资源开发类型包括耕地，林地，草地，水域，城乡、工矿、居民用地，以及未利用土地。截至 2018 年，开发总规模为 $8969685hm^2$，其中耕地面积为 $4560683hm^2$，林地面积为 $1393649hm^2$，草地面积为 $363484hm^2$，水域面积为 $1120932hm^2$，城乡、工矿、居民用地面积为 $1359118hm^2$，未利用土地面积为 $171819hm^2$。

2）海域资源开发利用现状

环渤海海岸陆域资源开发类型包括渔业用海、交通运输用海、工业用海、造地工程用海、旅游娱乐用海、海底工程用海、排污倾倒用海、特殊用海和其他用海。截至 2018 年，开发总规模为 $2094522hm^2$，其中渔业用海面积为 $1935077hm^2$，交通运输用海面积为 $76198hm^2$，工业用海面积为 $48931hm^2$，造地工程用海面积为 $12259hm^2$，旅游娱乐用海面积为 $10533hm^2$，海底工程用海面积为 $1464hm^2$，排污倾倒用海面积为 $1415hm^2$，特殊用海面积为 $7050hm^2$，其他用海面积为 $1595hm^2$。

4. 海洋环境状况

2019 年，渤海水质优良（一、二类水质）比例大幅度提高至 77.9%。2020 年第一季度、第二季度分别达到 79.4% 和 81.6%，与 2019 年同比分别增加 9.4 个和 2.2 个百分点；第三季度初步监测评价结果显示，渤海近岸海域优良水质比例为 87.1%，继续呈现向好态势①。

5. 科技创新现状

2018 年，环渤海地区科技发展围绕创新驱动高质量发展，深入推动科技体制改革，加快新旧动能转换，有力开创科技创新新局面。环渤海地区研发经费投入 5271.3 亿元，比上年增加 316.6 亿元，占全国的 26.79%；平均研发经费投入强度 2.28%，比上年增加 0.04 个百分点，高于全国平均水平 0.09 个百分点。全域共签订技术合同 411985 项，技术合同成交金额 17697.42 亿元，同比分别增长 12.08% 和 31.83%。环渤海区域技术合同成交总额 7492.91 亿元，占全国技术合同成交总额的 42.34%，同比增长 18.87%。

6. 金融发展现状

2018 年，环渤海地区银行业总资产 648302 亿元，比 2017 年增加 33607.9 亿元，增幅为 5.47%，银行信贷资产质量总体稳定，风险暴露略有上升；证券公司法人数量为 29 家，与上年持平，新增证券分公司和证券营业部数量持续上升；保险公司数量为 604 家，资产规模稳步增长，保险深度和保险密度略有上升；社会融资规模总体平稳，北京、天津快速增长、总量扩大，企业融资结构有所改善，债券融资工具创新快速推进，间接融资占比显著提高，表外融资小幅收缩，货币市场交易活跃，债券回购增势平稳，拆借利率总体下行；加快农村信用社改制步伐，城市商业银行实力不断增强；跨境人民币业务覆盖面持续扩大，支付清算体系设施进一步完善，社会信用体系建设稳步推进，金融机构种类与功能进一步丰富，支付服务环境日趋完善，金融知识宣传力度加大，金融消费者权益保护机制不断健全，金融生态环境持续优化。

6.5 环渤海"蓝色经济区 2.0"示范区选划体系

6.5.1 示范区类型

"蓝色经济区 2.0"主体功能包括生态产品供给、产业产能转换和节能减排升级三类。即生态产品供给蓝色经济示范区、产业产能转换蓝色经济示范区和节能减排升级蓝色经济示范区。

---

① 中国新闻网，https://www.chinanews.com.cn/gn/2020/06-02/9201424.shtml

生态产品供给蓝色经济示范区，以区域内基础设施为生产基础，充分发挥区域内生态环境要素的自身特征，加大科技投入力度，加强科研能力建设，加大人才引进力度，建立以生态修复、资源养护为主要生产方式，碳交易、碳中和为主要产品，港口、工业园区基础设施为科技、物流、金融主要服务平台，促进自然资源环境价值提升的生态发展模式。

产业产能转型蓝色经济示范区，以区域内基础设施为生产基础，加大科技投入力度，加强科研能力建设，完善区域内金融制度。在符合区域内资源开发和环境保护管理要求的基础上，增加区域发展的包容性，制定区域内及腹地的落后产业产能转型和金融扶持政策，鼓励腹地陆域产业产能向区内转移，建立以改变供给侧生产要素分配方式，盘活区域内港口、工业园区的土地和围填存量，促进自然资源资产升值，激发经济发展活力，推进区域内及落后产业产能腹地转型的转型发展模式。

节能减排升级蓝色经济示范区，以区域内基础设施、产业产能为生产基础，加大科技投入力度，加强科研能力建设，鼓励区域内及腹地产业产能升级，提升生产效率，制定区域内节能减排税收优惠政策，完善区域内金融制度。建立以推进区域内及腹地产业产能升级为主要目标，加强节能减排管理，以碳交易为主要抓手的升级发展模式。

6.5.2 选划指标体系

环渤海"蓝色经济区 2.0"示范区选划指标体系包括基础设施、社会经济发展状况、海岸资源环境状况、科技创新能力和金融发展状况五大评选要素，8 个一级指标，18 个二级指标，具体见表 6-2。

表 6-2 环渤海"蓝色经济区 2.0"示范区选划指标体系

序号	评选要素	一级指标	二级指标	评选因子
1	基础设施	经济发展基础设施	港口建设	吞吐量
2			工业园区建设	级别
3		生态基础设施建设	保护地建设	级别
4			国家公园建设	全类型
5	社会经济发展状况	腹地国民经济产业结构	第一产业	比例
6			第二产业	比例
7			第三产业	比例
8		海洋经济产业结构	第一产业	比例
9			第二产业	比例
10			第三产业	比例

续表

序号	评选要素	一级指标	二级指标	评选因子
11	海岸资源环境状况	海岸资源开发强度	陆域资源	开发强度指数
12			海岸线资源	
13			海域资源	
14		海洋环境质量状况	海洋环境容量	海洋主要污染因子容量
15			入海河口断面状况	海洋主要污染因子质量
16	科技创新能力	科技研发投入	研发投入	经费投入
17			技术合同	成交金额
18	金融发展状况	主要金融机构状况	运行情况	资产质量

6.5.3　选划方法

在环渤海沿海区域内，按照环渤海"蓝色经济区2.0"示范区选划指标体系和主体功能类型，选划出环渤海"蓝色经济区2.0"示范区。不同类型示范区的选划重点如下。

生态产品供给蓝色经济示范区。应为生态基础设施建设完善，生态产品供给充足，包含碳汇、碳中和功能，生态环境质量良好的区域。同时，涵盖经济发展要素，科技、金融完全能够支撑生态产品供给。

产业产能转型蓝色经济示范区。应为经济发展基础设施完善，社会经济发展状况良好，海岸资源供给充足，相对开发强度较高，利用率较低，环境容量大，科技研发能力较强，金融制度较为完善的区域。

节能减排升级蓝色经济示范区。应为经济发展基础设施完善，社会经济发展状况良好，相对开发强度较高，海岸资源供给不足，利用率较高，环境容量大，科技研发能力较强，金融制度较为完善的区域。

按照以上原则及环渤海"蓝色经济区2.0"示范区选划指标体系，初步选定辽东湾和莱州湾生态产品供给蓝色经济示范区、渤海湾节能减排升级蓝色经济示范区和长兴岛产业产能转型蓝色经济示范区四个示范区。

辽东湾生态产品供给蓝色经济示范区范围包括大辽河口至辽河口的县（市、区）及行政单元及管辖海域，包含盘锦大洼区和盘山县，营口市老边区、西市区和站前区。

莱州湾生态产品供给蓝色经济示范区范围包括潮河至淄脉河县（市、区）及行政单元及管辖海域，包括东营市河口区、垦利区和东营区。

渤海湾节能减排升级蓝色经济示范区范围包括西排干至北排水河的县（市、区）及行政单元及管辖海域，包括天津市滨海新区。

长兴岛产业产能转型蓝色经济示范区范围包括浮渡河至普兰店湾的县（市、区）及行政单元及管辖海域，包括大连市普兰店区、长兴岛临海工业区。

6.6 环渤海"蓝色经济区 2.0"示范区发展指标核算体系

环渤海"蓝色经济区 2.0"示范区发展指标核算体系是包含自然资源价值核算、环境容量价值核算、产业生产总值核算和碳核算的一套促进海岸绿色发展的指标核算体系。

1. 自然资源价值核算指标

1）主要自然资源类型

环渤海"蓝色经济区 2.0"示范区陆域参与核算的自然资源类型主要包括土地资源、森林资源、水资源、矿产资源等。

环渤海"蓝色经济区 2.0"示范区海域参与核算的自然资源类型主要包括海岸线、滩涂、海域（除滩涂）和无居民海岛等。有居民海岛按照陆域进行核算。

2）主要自然资源价值核算指标体系

环渤海"蓝色经济区 2.0"示范区自然资源价值核算指标体系分为总量核算和支出核算两大部分。其中，核算内容包括实物量和价值量。

总量核算分为陆域和海域两部分进行。陆域自然资源价值总量核算是包括土地资源、森林资源、水资源、矿产资源的期初存量、本期增加量、本期减少量、本期净变动量和期末存量的核算，每一核算指标包含实物量和价值量两部分；海域自然资源价值总量核算包括海岸线、滩涂、海域（除滩涂）、无居民海岛的期初存量、本期增加量、本期减少量、本期净变动量和期末存量的核算，每一核算指标包含实物量和价值量两部分，见表 6-3。

表 6-3 环渤海"蓝色经济区 2.0"示范区自然资源价值核算指标体系-总量核算

核算指标	陆域												海域											
	土地资源			森林资源			水资源			矿产资源			海岸线			滩涂			海域（除滩涂）			无居民海岛		
	实物量		价值量	实物量		价值量	实物量		价值量	实物量		价值量	实物量		价值量	实物量		价值量	实物量		价值量	实物量		价值量
	数量指标	质量指标	—	数量指标	质量指标	—	数量指标	质量指标	—	数量指标	质量指标	—	数量指标	质量指标	—	数量指标	质量指标	—	数量指标	质量指标	—	数量指标	质量指标	—
期初存量																								
本期增加量																								
本期减少量																								
本期净变动量																								
期末存量																								
备注																								

支出核算分为陆域和海域两部分进行。陆域自然资源价值支出核算包括土地资源、森林资源、水资源、矿产资源的本期支出量、本期损害量、治理成本的核算，每一核算指标包含实物量和价值量两部分；海域自然资源价值支出核算包括海岸线、滩涂、海域（除滩涂）、无居民海岛的本期支出量、本期损害量、治理成本的核算，每一核算指标包含实物量和价值量两部分，见表 6-4。

表 6-4　环渤海"蓝色经济区 2.0"示范区自然资源价值核算指标体系-支出核算

核算指标		陆域											海域											
		土地资源			森林资源			水资源			矿产资源			海岸线			滩涂			海域（除滩涂）			无居民海岛	
		实物量		价值量	实物量		价值量	实物量		价值量	实物量		价值量	实物量		价值量	实物量		价值量	实物量		价值量	实物量	价值量
		数量指标	质量指标	—	数量指标	质量指标	—	数量指标	质量指标	—	数量指标	质量指标	—	数量指标	质量指标	—	数量指标	质量指标	—	数量指标	质量指标	—	数量指标 质量指标	—
本期支出量	—																							
1	开发、开采量																							
2	重估减少量																							
3	其他																							
本期损害量	—																							
1	自然灾害损害量																							
2	主动破坏损害量																							
3	被动破坏损害量																							
4	其他																							
治理成本	—																							
1	提标治理																							
2	污染治理																							
3	生态损害治理																							
4	其他																							
备注																								

2. 环境容量价值核算指标

环渤海"蓝色经济区 2.0"示范区环境容量价值核算分为陆域和海域两部分进行。陆域环境容量价值核算包括土壤环境容量、大气环境容量、河流水环境容量的核算，每一核算指标包含实物量和价值量两部分；海域环境容量价值包括海域底土环境容量、海洋生物环境容量、海水动力环境容量的核算，每一核算指标包含实物量和价值量两部分，见表 6-5。

表 6-5　环渤海"蓝色经济区 2.0"示范区环境容量价值核算指标体系

核算指标	陆域						海域					
	土壤环境容量		大气环境容量		河流水环境容量		海域底土环境容量		海洋生物环境容量		海水动力环境容量	
	实物量	价值量	实物量	价值量	实物量	价值量	实物量	价值量	实物量	价值量	实物量	价值量
期初容量												
本期目标												
去除量												
备注												

3. 产业生产总值核算指标

环渤海"蓝色经济区 2.0"示范区产业生产总值核算分为腹地产业和海洋产业两部分进行。腹地产业生产总值核算包括规模以上工业生产总值、商贸生产总值、农业生产总值、物流业生产总值、旅游业（除滨海旅游）生产总值的核算；海洋产业生产总值核算包括海洋渔业生产总值、海洋油气业生产总值、海洋矿业生产总值、海洋盐业生产总值、海洋化工业生产总值、海洋生物医药业生产总值、海洋电力业生产总值、海水利用业生产总值、海洋船舶工业生产总值、海洋工程建筑业生产总值、海洋交通运输业生产总值、滨海旅游业生产总值的核算，见表 6-6。

表 6-6　环渤海"蓝色经济区 2.0"示范区产业生产总值核算指标体系

示范区	腹地产业					海洋产业												
	规模以上工业生产总值	商贸生产总值	农业生产总值	物流业生产总值	旅游业（除滨海旅游）生产总值	海洋渔业生产总值	海洋油气业生产总值	海洋矿业生产总值	海洋盐业生产总值	海洋化工业生产总值	海洋生物医药业生产总值	海洋电力业生产总值	海水利用业生产总值	海洋船舶工业生产总值	海洋工程建筑业生产总值	海洋交通运输业生产总值	滨海旅游业生产总值
辽东湾生态产品供给蓝色经济示范区																	
莱州湾生态产品供给蓝色经济示范区																	
渤海湾节能减排升级蓝色经济示范区																	
长兴岛产业产能转型蓝色经济示范区																	

4. 碳核算指标

环渤海"蓝色经济区 2.0"示范区碳核算分为碳汇量、减排碳量和节能碳量三部分。碳汇量包括林地碳汇量和滨海湿地碳汇量，减排碳量包括供给结构减排量、生产技术减排量和低碳生活减排量，节能碳量包括供给结构节能量、生产技术节能量和低碳生活节能量，见表 6-7。

表 6-7　环渤海"蓝色经济区 2.0"示范区碳核算指标体系

碳核算指标	碳汇量		减排碳量			节能碳量		
	林地碳汇量	滨海湿地碳汇量	供给结构减排量	生产技术减排量	低碳生活减排量	供给结构节能量	生产技术节能量	低碳生活节能量
备注								

环渤海"蓝色经济区 2.0"示范区发展指标核算体系是以自然资源价值理论为指导，充分体现资源有价、环境有价，以环渤海"蓝色经济区 2.0"示范区为环渤海经济区关键节点，引导环渤海经济区及其腹地经济的绿色发展方向，通过建立自然资源资产价值、环境容量资源资产价值、产业生产总值和碳量价值为一体的海岸地区高质量发展账本，引领环渤海经济区及其腹地经济的高质量发展模式，实现环渤海经济区全面高质量发展。

第7章 台州市海岸建筑后退线建设方案研究

所谓海岸建筑后退线，是指毗连海岸的陆地建筑物向海侧至海岸线距离的限定线，也有人将其称为海岸后退线或海岸带建设退缩线。在此线前面不允许进行以下活动：建造永久性以及半永久性的建筑物；挖掘、转移海滩物质；对沙滩与植被的任何破坏活动；对已有建筑物规模的进一步扩大。

为明确此定义，我们将建筑物划分为永久性建筑物、半永久性建筑物、临时建筑物，其中永久性建筑物指在其自然寿命内一般不会拆除的建筑物，半永久性建筑物主要指类似虾池与盐池那种既可长期使用又可因另有所需而改做其他的建筑物，临时性建筑物指可以随时拆除的建筑物。

但对于某些区域，例如工业用海区域、港口以及填海造地区域，用一条线来限制其海岸建筑活动是不合适的。在这些区域，海岸建筑后退线只作为对某些用海行为的一种管理政策，而不仅仅是一种海岸陆地建筑的后退距离，即在此区域，在岸线以外进行建筑活动是被允许的，但是应该考虑此建筑物对于临近海岸的影响，不能因为此建筑物的修建，造成临近海岸的侵蚀或者淤积，对临近海岸造成破坏。总之，在这些区域，如果建筑物的修建产生不良后果，相关的部门与人员应该对此负责。

某些种类的活动可不受海岸建筑后退线的约束，主要包括政府和社会所必需的各类活动，如穿越海滩铺设管道、铺设海底电缆、排放管道等。

在采用海岸建筑后退线之前，应对禁区内已有的建筑物给予特殊的许可，允许建筑物度过其自然寿命。但是，该建筑物不得扩大其建筑规模。

此外，在工程资料足以证明建筑活动不致引起侵蚀等不良后果的情况下，可以为例外情况颁发特别许可证。

7.1 建立海岸建筑后退线的目的

建立海岸建筑后退线的目的如下。

一是保护海岸带资源与环境。通过海岸建筑后退线的设立，给海岸带一个缓冲空间，在这个空间内，不允许永久性建筑物存在，已经存在的在其度过其自然寿命后拆除，使旅游配套设施尽量转向内陆，减轻海滨环境压力，同时对于人类能够从事的活动进行了限制，这样就保护了海岸带资源的完整性与可观赏性。

二是保护建筑物自身的安全。在海洋自然灾害（如风暴潮、海岸侵蚀）频发的地区，通过海岸建筑后退线的设立，给建筑物一个安全的离海距离，从而规范人们的建筑活动，避免灾害带来重大的损失。

三是达到临海建筑布局合理。对海岸带重大基础设施提出划定要求，例如不能因为此处设施的修建，从而改变海域流场或泥沙输运方向，对附近海岸产生破坏性的影响。通过各种划定原则的提出，在沿海产业密集的区域，逐渐形成一种管理政策。

四是保障居民亲海、赶海权。海域承包不应当成为连海岸也包括的无限承包，单位和个人在使用海域时，必须保证当地居民的亲海、赶海权。

五是为海岸带立法提供支持。通过借鉴国外海岸建筑后退线管理的经验，将海岸建筑后退线政策上升为法规或规章，促进海岸带依法管理。

7.2　海岸建筑后退线的确定因素

1. 景观资源保护

为了对滨海景观资源加以保护，需要建立海岸建筑后退线在海岸与开发区域之间形成缓冲地带，同时对于不同的滨海景观资源，按照一定的标准对其进行分级分类，按照分级分类的结果，不同等级类别的海岸建筑后退线所规定的距海距离是有区别的。从而使海岸建筑后退线政策的针对性与目的性更加明确，加强了可操作性。

例如，山东省海岸带规划对海岸带的旅游资源进行区域划分，对各类型旅游岸段进行不同力度、不同要求的分级控制管制，明确各个级别旅游岸段不允许从事的活动。同时，也针对各类旅游资源提出了分类管理措施，如对海滨沙滩资源提出了如下管制办法：对具有较高景观价值的一、二级沙滩岸线进行严格保护，禁止在这些沙滩岸线进行近岸养殖和工厂化养殖；自然沙滩与旅游接待设施、村镇的养殖利用区、盐田设施等要有 200～500m 宽的缓冲隔离带，减少人工设施对沙滩景观的干扰；尽量避免在沙丘和沙坝上进行建设，以保护脆弱的沙滩生态环境不受海岸侵蚀和植被破坏的影响；开发项目应保持适当距离，长度在 500m 以下的沙滩只允许建设一个项目，其正面长度不得超过沙滩全长的 1/3；长度在 500～1000m 的沙滩允许建设两个项目，两者间距在 500m 以上，建设项目的总长度不得超过沙滩全长的 1/3；长度在 1000～2000m 的沙滩可允许建设三个项目，项目最小间距为 500m，项目建设正面总长度不超过沙滩全长的 1/3；对于其他长度较大的沙滩景观，总体可分为若干段，然后按照上述原则进行项目建设；开发项目要从平均潮位线往后至少退 50m，以保护沙滩。沙滩背后 100m 为沙滩保护地带，可适度种植森林绿化带或低矮灌木及花草植被，以加固这些地段的表层土壤，防止沿海剥蚀风化。

2. 生态环境保护

对于具有重大生态环境价值的区域，例如河口、沿海湿地、泻湖、动物栖息地以及自然保护区，要加以严格保护，在自然保护区，有其相应的管理规定。对于其他区域，通过海岸建筑后退线的设立，禁止在此类区域修建永久性的建筑物。对于河口地带，要有沿河 50~100m 的保护带，同时对于在河口修建的半永久性工程项目，如围海的池子等，要加以限制。对于沿海湿地与泻湖，不应在其范围内修建永久性工程，包括过境干道与高速公路。

3. 临海建筑物布局

对于必须要临海布局的项目，如港口、临海工业、盐业、城镇建设用海、渔业基础设施、围海养殖、海岸防护工程等，在选址和建设时，均应通过建设项目环境影响评价和海域使用论证，在区域范围内，达到临海建筑物布局的合理化。对于其他项目，应该尽量减少或禁止其临海布局。

为了达到临海建筑物布局的合理化，海岸建筑后退线政策在这些区域是一种管理政策，而不是一个后退距离，即新的建筑物的修建，必须不影响原有其他建筑的安全性以及不能造成附近海岸的侵蚀或侵蚀加重。

建立区域性的海岸建筑后退线政策，对处于同一海岸环境的国家尤为重要，例如西非共处几内亚湾地区的利比里亚、科特迪瓦、加纳、多哥、尼日利亚、喀麦隆和加蓬等国。该地区海岸线的主要特点是，沿岸泥沙每年由西向东大约运移 150 万 m³。另外，该地区还在海滩上大量投资，建立了一些庞大的工业和旅游企业，这些企业后来受到海滩侵蚀的影响。建立整个地区的区域性海岸建筑后退线政策，不仅有助于每个国家的计划工作，而且能够确保一国的海岸开发不致危及下游另一国的海岸。在这样的地区，当位于上游的邻国在靠近两国边界处采用海岸建筑后退线，两国都可达到防止海滩侵蚀的目的。

一旦在容易发生侵蚀的地区建立了海岸居民区，就需要有大量的保护性建筑，或各种专用的保护性建筑。例如，仅在严重侵蚀的伊利湖和安大略湖的布法罗地区，就有 3500~4000 个此类海岸建筑。这些建筑的总体作用是很难评价的，因为每个建筑本身可能就是另一个地方发生侵蚀的原因。

4. 建筑物自身安全

临海建筑物的安全性主要取决于决定侵蚀程度的各种自然因素。这些因素包括岸线性质、风、浪和潮汐、风暴潮和波浪增水，海滩和滩外海底地形，扑岸浪情况，地面高程，侵蚀趋势，海岸植被线，沙丘线等。尤其是风暴潮频发的地区，建筑物距海必须有一定的距离，才能保证其安全性。

5. 公众亲海、赶海权

海岸带作为一种空间资源，应该被全社会所共享，公众亲海、赶海的权利应得到保证。因此应该逐步清除海岸带敏感区内的建筑设施，保证公众无阻碍到达和使用公共海岸线。当前有两种情况对公众的亲海权造成了危害：一是海域承包成为连海岸也包括在内的无限承包，居民亲海、赶海都被承包户拒绝；二是在沿海生活岸段，一些建筑物的修建，阻断了公众通往海岸的道路。

综上所述，在发展养殖业的同时，一定要保证公众的亲海、赶海权；另外，其他一些在生活岸段修建的建筑物，不应该阻断公众赶海、亲海。

7.3　海岸建筑后退距离确定方法

海岸建筑后退距离确定评价指标包括海岸侵蚀、风暴潮、海水入侵、海岸滑塌、地质遗迹、风景名胜、浴场、保护区和优良砂质海岸，指标权重采用德尔菲法确定。指标体系确定后，采用线性加权法构建后退距离评价指数，计算公式为

$$E = \sum_{i=1}^{n} (W_i \times R_i) \tag{7-1}$$

式中，E 为评价指数；W_i 为各指标对于评价指数的权重，且各指标权重和为 1；R_i 为各指标值。指标体系及权重如表 7-1 所示。

表 7-1　海岸建筑后退距离确定指标及权重

目标	相关条件和指数	权重	指标	权重
海岸建筑后退距离	海岸灾害指数	0.40	海岸侵蚀	0.11
			风暴潮	0.11
			海水入侵	0.09
			海岸滑塌	0.09
	景观价值指数	0.30	地质遗迹	0.10
			风景名胜	0.10
			浴场	0.10
	生态价值指数	0.30	保护区	0.14
			优良砂质海岸	0.16
	合计	1.00	—	1.00

7.4　台州市社会经济发展基本情况

台州市地处浙江省沿海中部,东濒东海,南邻温州,西连丽水、金华,北接绍兴、宁波。台州市的地理位置得天独厚,居山面海,平原丘陵相间,形成"七山一水二分田"的格局。台州市海域辽阔,领海和内水面积约 6910km²;海岸线曲折漫长,大陆海岸线长约 740km,海岛岸线长约 941km;海岛 928 个。全市现辖椒江、黄岩、路桥三区,临海、温岭、玉环三市和天台、仙居、三门三县。涉海县(市、区)包括椒江区、路桥区、临海市、温岭市、玉环市、三门县。

2020 年,台州市经济运行稳中向好。据初步核算,全市全年实现生产总值 5262.72 亿元,按可比价格计算,比上年增长 3.4%。其中,第一产业增加值 294.78 亿元,增长 2.3%;第二产业增加值 2298.21 亿元,增长 2.8%;第三产业增加值 2669.73 亿元,增长 4.1%;三次产业增加值结构为 5.6∶43.7∶50.7。市区实现生产总值 1918.66 亿元,按可比价格计算,比上年增长 3.2%。

7.5　台州市海岸使用现状基本情况

7.5.1　海岸使用情况

截至 2018 年,台州市海岸使用面积为 955312hm²,其中,陆域使用面积为 940472hm²,海域使用面积为 14840hm²。林地使用面积最大为 596498hm²,占使用总面积的 62%;其次为耕地,使用面积为 231284hm²,占使用总面积的 24%。海域使用以渔业用海和工业用海为主,使用面积分别为 9425hm² 和 3375hm²,合计占海域使用面积的 86%。台州市海岸使用情况信息表见表 7-2。

表 7-2　台州市海岸使用情况信息表

区域	用地/用海类型	面积/hm²	结构占比/%
陆域	耕地	231284	24
	林地	596498	62
	草地	26024	3
	水域	19637	2
	城乡、工矿、居民用地	67029	7
	未利用土地	0	0
	小计	940472	98

区域	用地/用海类型	面积/hm²	结构占比/%
海域	渔业用海	9425	1
	交通运输用海	787	0.1
	工业用海	3375	0.4
	造地工程用海	842	0.1
	旅游娱乐用海	7	0.001
	海底工程用海	50	0.01
	排污倾倒用海	9	0.001
	特殊用海	212	0.02
	其他用海	133	0.01
	小计	14840	2
合计		955312	—

7.5.2　岸线使用情况

台州海岸线主要包括人工岸线和自然岸线，其中自然岸线又分为基岩岸线、砂质岸线和淤泥质岸线三种类型。台州海岸线也可以分成大陆岸线和海岛岸线两部分。大陆岸线以人工岸线为主，海岛岸线则以基岩岸线占绝对优势。整体上，台州海岸线以基岩岸线和人工岸线为主。2016 年，台州市大陆岸线总长约为726km，其中原生自然岸线长度为 288km，包括基岩岸线和砂质岸线，占比为 40%。2019 年，大陆岸线总长变为 699km，其中原生自然岸线长度为 286km，包括基岩岸线、砂质岸线和淤泥质岸线，占比为 41%。2016 年至 2019 年，台州市大陆岸线总长减少了 27km，原生自然岸线长度减少了 2km。

7.6　台州市海岸建筑后退线建设方案

1. 景观资源保护

通过对台州市景观资源的分级分类，规定不同类别景区的海岸建筑后退距离，形成缓冲区域，以加强海滨景观资源的保护。参照国内相关地区海岸带规划对海岸建筑后退线 100~300m 的规定，结合实际情况与海岸建筑后退线的可操作性，确定一级旅游、保护岸段后退 200m，二级后退 100m。

2. 生态环境保护

具有重大生态环境价值的区域，如自然保护地、国家公园、滨海湿地、河口等，通过海岸建筑后退线的设立，加以严格保护。其中自然保护地、国家公园按照具体规定执行。对于河口地带，要有沿河 100m 的保护带，同时对于在河口修建的半永久性工程项目，例如围海的池子等，要加以限制。对于滨海湿地，不应在其范围内修建永久性工程，包括过境干道与高速公路。

3. 临海建筑物布局

海岸工程在建设时往往会对海岸产生影响，主要表现如下。

（1）丁坝、码头和垂直于河岸的建筑物影响沿岸泥沙的搬运，设置不当，就会发生侵蚀。

（2）海岸防护建筑，如海堤、堤岸和防波堤等，有使邻近区域发生侵蚀的副作用。

（3）港口通常筑有垂直于海岸的固定码头，这些码头阻止了沿岸泥沙的搬运，造成了上游的淤积和下游的侵蚀。人工港池可能使连接海湾或潟湖与海洋的水道变窄，这里的流速往往很高，以至阻断了泥沙的运移。

（4）在河口区修建的拦河坝减少或阻隔了河流向海洋输送泥沙，打乱了沉积物收支平衡，会使泥沙失去正常的来源。

（5）海岸采沙搅乱了沿岸泥沙的搬运收支。如果采沙量很大就会影响下游的侵蚀。

在港口、临海工业、渔业基础设施、城镇建设用海等人工岸段，海岸建筑后退线是一种管理政策，在此处，海岸线以内建筑的修建应当按照城市规划的相应管理规定修建，不限制在海岸线以外修建建筑物，但是建筑物修建时，必须要考虑其可能对周边环境的影响，一旦产生不良的后果，相关技术设计、施工、审批单位，包括环评与海域使用论证的单位应当对此负法律责任。

4. 建筑物自身安全

建筑物自身安全主要考虑两个因素：一是海岸类型，主要指在同样海水动力条件下，基岩海岸抗侵蚀能力最强，砂质海岸次之，泥质海岸最差。二是风暴潮，在风暴潮频发的区域建筑后退距离应该加大。

5. 公众亲海、赶海权

台州市目前亲海空间有椒江上大陈乌沙头海滩、椒江下大陈梅花湾海滩、路桥花螺礁海滩、临海龙湾海滨景区海滩、温岭石塘洞下沙滩、玉环坎门后沙沙滩、三门木勺沙滩，亲海岸线总长约 11km。建立围海养殖退出机制，开放式养殖不得侵犯公众亲海、赶海权。

参 考 文 献

[1] 马晓妍, 曾博伟, 何仁伟. 自然资源资产价值核算理论与实践——基于马克思主义价值论的延伸[J]. 生态经济, 2021, 37(5): 208-213.

[2] 高金清. 基于自然资源价值理论的海洋资源核算问题探究[J]. 市场周刊, 2020, 33(9): 18-19, 68.

[3] 方大春. 自然资源价值理论与理性利用[J]. 安徽工业大学学报(社会科学版), 2009, 26(4): 22-24.

[4] 王娟, 黄敏. 自然资源价值理论比较分析——效用价值论与劳动价值论[J]. 商场现代化, 2006(36): 388-389.

[5] 葛京凤, 郭爱清. 自然资源价值核算的理论与方法探讨[J]. 生态经济, 2004(S1): 70-72.

[6] 罗丽艳. 自然资源价值的理论思考——论劳动价值论中自然资源价值的缺失[J]. 中国人口·资源与环境, 2003(6): 22-25.

[7] 何承耕. 自然资源和环境价值理论研究述评[J]. 福建地理, 2001(4): 1-5.

[8] 葛京凤, 郭爱清. 自然资源价值评估理论探讨[C]. 海峡两岸地理学术研讨会暨 2001 年学术年会论文摘要集, 中国科学院地理科学与资源研究所, 华东师范大学, 2001.

[9] 李金昌. 自然资源价值理论和定价方法的研究[J]. 中国人口·资源与环境, 1991(1): 29-33.

[10] 孙仲连, 郭树新. 自然资源经济研究中应坚持马克思劳动价值理论[J]. 中国地质经济, 1991(8): 27-33.

[11] 徐沈, 裴晓鹏. 我国供给侧结构性改革的理论逻辑再思考——基于马克思主义政治经济学的解析[J]. 甘肃理论学刊, 2020(1): 12-20.

[12] 任智颖. 我国供给侧结构性改革的形成及理论渊源研究[J]. 学理论, 2019(4): 89-91.

[13] 李年俊. 我国供给侧结构性改革的理论探源[J]. 市场研究, 2018(12): 11-13.

[14] 毕珍. 供给侧结构性改革理论解读[J]. 湖北函授大学学报, 2018, 31(5): 95-97.

[15] 韩一军, 姜楠, 赵霞, 等. 我国农业供给侧结构性改革的内涵、理论架构及实现路径[J]. 新疆师范大学学报(哲学社会科学版), 2017, 38(5): 34-40.

[16] 王凯, 庞震. 我国供给侧结构性改革的理论逻辑及路径选择[J]. 未来与发展, 2016, 40(12): 1-4.

[17] 张为杰, 李少林. 经济新常态下我国的供给侧结构性改革: 理论、现实与政策[J]. 当代经济管理, 2016, 38(4): 40-45.

[18] 贾康, 苏景春. 新供给经济学[M]. 太原: 山西经济出版社, 2015.

[19] 刘秉镰, 汪旭, 边杨. 新发展格局下我国城市高质量发展的理论解析与路径选择[J]. 改革, 2021(4): 15-23.

[20] 任保平. "十四五" 时期转向高质量发展加快落实阶段的重大理论问题[J]. 学术月刊, 2021, 53(2): 75-84.

[21] 苗勃然, 周文. 经济高质量发展: 理论内涵与实践路径[J]. 改革与战略, 2021, 37(1): 53-60.

[22] 张宪昌. 习近平高质量发展观的理论特征[J]. 理论视野, 2020(10): 24-29.

[23] 张雷声. 新时代中国经济发展的理论创新——学习习近平关于经济高质量发展的重要论述[J]. 理论与改革, 2020(5): 1-11.

[24] 师博. 转向经济高质量发展时代的理论思考[N]. 经济参考报, 2020-06-09(7).

[25] 张涛. 高质量发展的理论阐释及测度方法研究[J]. 数量经济技术经济研究, 2020, 37(5): 23-43.

[26] 马诗敏, 徐新阳, 倪金, 等. 陆海统筹资源环境承载能力评价体系构建[J]. 地质与资源, 2021, 30(2): 186-192.

[27] 翟仁祥, 陈品真. 陆海统筹战略下中国沿海地区经济转型发展研究[J]. 大陆桥视野, 2021(4): 48-51.

[28] 姚鹏, 吕佳伦. 陆海统筹战略的理论体系构建与空间优化路径分析[J]. 江淮论坛, 2021(2): 75-85.

[29] 尚嫣然, 冯雨, 崔音. 新时期陆海统筹理论框架与实践探索[J]. 规划师, 2021, 37(2): 5-12.

[30] 马仁锋, 辛欣, 姜文达, 等. 陆海统筹管理: 核心概念、基本理论与国际实践[J]. 上海国土资源, 2020, 41(3): 25-31.

[31] 刘曙光. 陆海统筹视域下的海洋经济发展解析[N]. 中国海洋报, 2017-03-29(2).

[32] 曹忠祥, 宋建军, 刘保奎, 等. 我国陆海统筹发展的重点战略任务[J]. 中国发展观察, 2014(9): 42-45.

[33] 刘明. 陆海统筹与中国特色海洋强国之路[D]. 北京：中共中央党校, 2014.

[34] 杨荫凯. 推进陆海统筹的重点领域与对策建议[J]. 海洋经济, 2014, 4(1): 1-4, 17.

[35] 王陕菊. 区域经济不平衡发展理论综述及启示[J]. 三门峡职业技术学院学报, 2017, 16(4): 103-107.

[36] 孙久文. 中国区域经济理论体系的创新问题[J]. 区域经济评论, 2017(3): 16-17.

[37] 范振锐. 区域协调发展理论研究[J]. 湖北工程学院学报, 2017, 37(1): 116-118.

[38] 严凯. 海岸工程[M]. 北京：海洋出版社, 2002.

[39] 索安宁, 曹可, 马红伟, 等. 海岸线分类体系探讨[J]. 地理科学, 2015, 35(7): 933-937.

[40] 巴利·C. 菲尔德, 玛莎·K. 菲尔德. 环境经济学[M]. 5版. 原毅军, 陈艳莹, 译. 大连：东北财经大学出版社, 2010.

[41] 汤姆·蒂坦伯格, 琳恩·刘易斯. 环境与自然资源经济学[M]. 10版. 王晓霞, 石磊, 安树民, 等, 译. 北京：中国人民大学出版社, 2010.

[42] 曾繁盛. 物质资源可持续利用研究[D]. 北京：中共中央党校, 2009.

[43] 黄贤金. 自然资源产权改革与国土空间治理创新[J]. 城市规划学刊, 2021(2): 53-57.

[44] 温铁军, 逯浩. 国土空间治理创新与空间生态资源深度价值化[J]. 西安财经大学学报, 2021, 34(2): 5-14.

[45] 薛金辉. 基于资源环境承载力评价与国土空间的规划关系研究[J]. 智库时代, 2019(15): 26-27.

[46] 张兴. 资源环境承载力评价与国土空间规划关系探析[J]. 中国土地, 2017(1): 31-33.

[47] 战永策, 刘涛. 城市海岸带景观资源的开发与利用浅析[J]. 中国包装工业, 2013(10): 101.

[48] 孟庆武. 滨海旅游文化结构体系构建[J]. 中共青岛市委党校青岛行政学院学报, 2014(5): 49-52.

[49] 赵玉杰, 孙吉亭. 滨海旅游资源文化研究[J]. 山东科技大学学报(社会科学版), 2012, 14(4): 92-97.

[50] 李晶, 雷茵茹, 崔丽娟, 等. 我国滨海滩涂湿地现状及研究进展[J]. 林业资源管理, 2018(2): 24-28, 137.

[51] 王君. 海岸带典型用海地物遥感监测与时空演变分析[D]. 西安：长安大学, 2020.

[52] 冯兰娣, 孙效功, 青可輝. 利用海岸带遥感图像提取岸线的小波变换方法[J]. 青岛海洋大学学报(自然科学版), 2002(5): 777-781.

[53] 金永明. 陆海统筹加快建设海洋强国[J]. 检察风云, 2018(20): 28-29.

[54] 吴桂珍. 中国区域经济发展水平与差距的实证研究[D]. 长春：吉林大学, 2006.

[55] 林香红, 彭星, 李先杰. 新形势下我国海岸带经济发展特点研究[J]. 海洋经济, 2019, 9(2): 12-19.

[56] 翟仁祥, 李敏瑞. 中国海洋产业结构时空分异研究[J]. 数学的实践与认识, 2011, 41(19): 44-53.

[57] 史戈, 曾辉, 常文静. 我国海岸带污染生态环境效应研究现状[J]. 生态学杂志, 2019, 38(2): 576-585.

[58] 高健, 林捷敏, 杨斌. 我国海岸带经济管理领域的研究方向与进展[J]. 上海海洋大学学报, 2012, 21(5): 848-855.

[59] 潘新春. 海域资源管理工作的思考[J]. 海洋开发与管理, 2016, 33(S1): 16-18.

[60] 赖国华, 林树高, 莫素芬, 等. 陆海统筹视角下的土地利用与海洋发展效益协调性案例研究[J]. 环境与可持续发展, 2020, 45(5): 122-128.

[61] 李世泽. 坚持陆海统筹加快建设海洋强区[J]. 广西经济, 2017(10): 39-40.

[62] 姚瑞华, 王金南, 王东. 国家海洋生态环境保护"十四五"战略路线图分析[J]. 中国环境管理, 2020, 12(3): 15-20.

[63] 黄灵海. 关于推动我国海洋经济高质量发展的若干思考[J]. 中国国土资源经济, 2021(6): 58-65.

[64] 佚名. 陆海统筹不可简化为海岸线问题[J]. 国土资源, 2018(8): 10-11.

[65] 朱宇, 李加林, 汪海峰, 等. 海岸带综合管理和陆海统筹的概念内涵研究进展[J]. 海洋开发与管理, 2020, 37(9): 13-21.

[66] 张云, 吴彤, 张建丽, 等. 基于海域使用综合管理的海岸线划定与分类探讨[J]. 海洋开发与管理, 2018, 35(9): 12-16.

[67] 林静柔, 高杨. 基于精细化理念的海岸线管控思考与探讨[J]. 海洋开发与管理, 2020, 37(6): 60-64.

[68] 刘振, 刘洪滨. 渤海海岸线保护法律问题研究[J]. 学理论, 2013(6): 102-103, 129.

[69] 丁黎黎. 海洋经济高质量发展的内涵与评判体系研究[J]. 中国海洋大学学报(社会科学版), 2020(3): 12-20.

[70] 高抒. 沉积物粒径趋势分析：原理与应用条件[J]. 沉积学报, 2009, 27(5): 826-836.

[71] 张光文. 关于自然资源价格的形成及体系的探讨[J]. 现代经济探讨, 2001(6): 26-29.

[72] 高婵. 填海造地海洋生态系统服务功能价值损失的估算——以天津滨海新区为例[J]. 经济纵横, 2014(7): 267.

[73] 谢高地, 张钇锂, 鲁春霞, 等. 中国自然草地生态系统服务价值[J]. 自然资源学报, 2001(1): 47-53.

[74] 陈仲新, 张新时. 中国生态系统效益的价值[J]. 科学通报, 2000(1): 17-22, 113.

[75] 佚名. 《大连市加快建设海洋中心城市的指导意见》摘录大连市加快建设海洋中心城市的 21 项具体任务措施[J]. 东北之窗, 2020(5): 20-21.

[76] 孙才志, 王泽宇. 以供给侧结构性改革推动大连海洋经济可持续发展[N]. 大连日报, 2017-03-21(10).

[77] 王丽耀, 王洪禄, 王捷. 岩石性海岸生态系统服务价值评价[J]. 价值工程, 2010, 29(4): 70.

[78] 贾笑非, 黄玉, 王洪禄. 原生沙质海岸生态系统服务价值评价[J]. 黑龙江科技信息, 2012(32): 277.

[79] 曹月. 辽宁省湿地生态系统服务功能价值测评[D]. 大连: 辽宁师范大学, 2009.

[80] 张兰婷, 史磊. 山东半岛蓝色经济区建设的内涵及理论基础[C]. 第九届海洋强国战略论坛论文集, 中国海洋学会, 中国太平洋学会, 2018.

附　　录

一种具有防止海岸侵蚀兼顾养殖功能的透水式防波堤

1. 专利简介

海岸因受海水动力影响，被海水侵蚀甚至吞噬，一来严重破坏了海岸景观及生态系统，二来威胁近岸居民的日常生活及安全。目前已有的防波堤设计一般采用非透水式，降低了防波堤内外海域的水交换能力，这在不同程度上造成了近岸海域的水质污染。本防波堤采用透水式设计既起到了减小近岸海域海水动力，防止海岸被海水侵蚀的作用，又最大程度上保持了海水交换能力状态，降低海水污染程度。同时，兼顾了海水养殖功能，为近岸居民带来了民生产业。基于榫卯结构单个模块拼装组成的单体养殖池组合构成了防波堤主体，既保持了防波堤整体结构的稳定性，又增加了防波堤整体形态的灵活性。防波堤立面全部采用斜坡式立面，减小海水动力。单体养殖池主要由五部分组成，分别是养殖池前堤、养殖池左侧堤、养殖池右侧堤、养殖池后堤和防护网，其中，养殖池右侧堤由工作平台和闸门两部分组成，闸门处放置投苗/捕捞网。工作平台上修建闸门起开操作间，便于工作人员操控闸门的开启和关闭。闸门日常处于关闭状态，当投苗或养殖生物成熟需要捕捞时，闸门开启，将苗种放置网中，养殖生物随海水流动进入养殖池或捕捞网内。工作人员通过操控闸门处的升降机将捕捞网升至工作平台处，便于运输。养殖池前堤、养殖池左侧堤、养殖池右侧堤、养殖池后堤均有不同口径的透水管道。养殖池后堤高于养殖池前堤、养殖池左侧堤、养殖池右侧堤，包含一个生物洄游管道，用于生物逃避海洋灾害。生物洄游管道日常处于打开状态，在出现海洋灾害时，生物洄游管道关闭。养殖池前堤、养殖池左侧堤、养殖池右侧堤高度低于当地理论最低潮面，即养殖池前堤、养殖池左侧堤、养殖池右侧堤日常是潜在水底的，以最大程度保持海水交换能力。防护网的作用是防止养殖生物随海水流走，造成经济损失。

2. 基本原理

利用榫卯结构的稳定性和拼装的灵活性，灵活设计防波堤形态；利用防波堤斜坡式立面减缓海水动力的功能，降低海岸侵蚀程度；采用透水式防波堤，以最大程度保持海水交换能力，降低海水水质污染程度；采用潜堤式养殖，保持海水自然状态，实现海水自然养殖。

3. 专利证书

实用新型专利证书

证书号第 11333871 号

实用新型名称：一种具有防止海岸侵蚀兼顾养殖功能的透水式防波堤

发　明　人：闫吉顺;张广帅;王鹏;林霞;陈利媛

专　利　号：ZL 2019 2 1900986.2

专利申请日：2019 年 11 月 06 日

专 利 权 人：国家海洋环境监测中心

地　　　址：116000 辽宁省大连市沙河口区凌河街 42 号

授权公告日：2020 年 08 月 25 日　　　　授权公告号：CN 211340645 U

　　国家知识产权局依照中华人民共和国专利法经过初步审查，决定授予专利权，颁发实用新型专利证书并在专利登记簿上予以登记。专利权自授权公告之日起生效。专利权期限为十年，自申请日起算。

　　专利证书记载专利权登记时的法律状况。专利权的转移、质押、无效、终止、恢复和专利权人的姓名或名称、国籍、地址变更等事项记载在专利登记簿上。

局长
申长雨

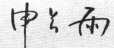

2020 年 08 月 25 日

其他事项参见背面

4. 专利设计结构图

图 1　总体结构示意图

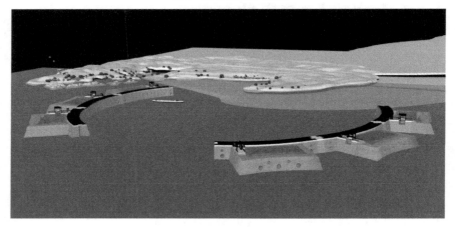

图 2　总体结构示意图（潜在水下）

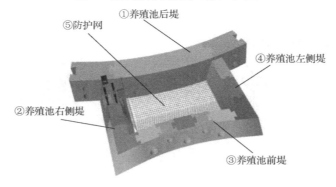

图 3　单体养殖池结构示意图

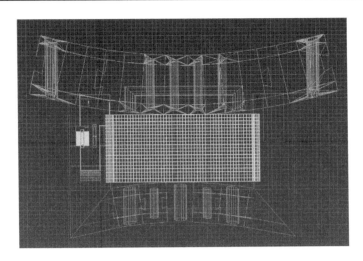

图 4　单体养殖池结构透视图

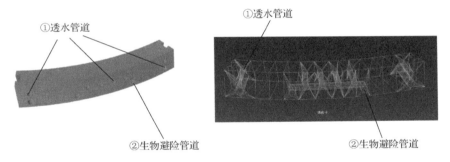

图 5　单体养殖池后堤结构及透视图

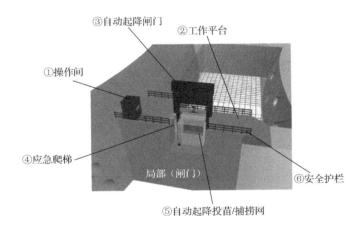

图 6　单体养殖池右侧堤闸口与工作平台结构示意图